择业 考试指导丛书

快速室内设计考试指导

俞博韬　编著

中国建筑工业出版社

图书在版编目(CIP)数据

快速室内设计考试指导/俞博韬编著. —北京：中国建筑工业出版社，2007
(择业考试指导丛书)
ISBN 978-7-112-09251-2

Ⅰ.快... Ⅱ.俞... Ⅲ.室内设计 Ⅳ.TU238

中国版本图书馆CIP数据核字（2007）第091682号

责任编辑：唐 旭
责任设计：郑秋菊
责任校对：王雪竹 陈晶晶

择业考试指导丛书
快速室内设计考试指导
俞博韬 编著
*
中国建筑工业出版社出版、发行(北京西郊百万庄)
各地新华书店、建筑书店经销
北京嘉泰利德公司制版
北京盛通印刷股份有限公司印刷
*
开本：880×1230 毫米 1/16 印张：9¾ 字数：304千字
2007年8月第一版 2007年8月第一次印刷
印数：1-3,000册 定价：68.00元
ISBN 978-7-112-09251-2
(15915)

对于我们每个人来说择业考试只是我们职业生活的一个很小的部分，考试的技能也只是我们职业技能中的一个微不足道的技能，最重要的是选择自己发展的方向，选择适合自己发展方向的公司和职位。这也就是本书为什么把了解自己的应聘的公司放在最前面介绍的原因。

不同的公司有不同的设计方向，有的偏向酒店类建筑，有的只做办公建筑，也有做住宅的专业公司。设计风格上，有的现代简洁，有的极简素雅，有的豪华、繁复，有的自然清新。如果能够找到与自己的设计风格和审美倾向一致的公司，在自己将来的设计发展上就能更顺利，同时深入研究自己喜爱的风格也是一种乐趣。

所以选择正确的公司是第一步，否则如果笔试通过了，而到面试时才发现公司的理念与自己的发展方向不同，那时对公司、对你自己都是很遗憾的事情。

应试的技能只是一种方法，它包括笔试（即快速设计与表现）和面试这两方面的能力。为提高应试者快速设计的能力，我们编辑整理了一些有代表性的择业考试的题目与设计实例，希望通过这些实例来说明择业考试时应关注和强调的事项，并且对应试者在试前应着重做哪些方面的准备与练习，提一点建议。当然书中所引用的设计实例都存在一定程度的不足与问题，而优点与问题都是在应试过程中所需要重视的地方，愿读者通过自己的理解,. 整理出适合自身特点的方法。

本书汇集了许多从事设计工作的同志和学生的作品，谨向他们的辛勤工作和努力致以衷心的感谢。由于笔者的设计及理论水平有限，书中点评与表达有不妥之处望读者见谅。

目　录

CONTENT

第 1 章

择业考试注意事项

1.1 应试注意事项

1.1.1 了解要应聘的公司

了解自己要去应聘的公司是非常重要的，同时了解自己发展的方向也非常重要。一方面要了解公司在自己的发展方向和设计风格是否与应聘的公司一致或相近，另一方面不同的公司一般有其不同的设计领域，在应试前应有针对性地加以练习，作专向的设计训练。

不同的公司有不同的设计方向，有的现代简洁，有的极简素雅，有的豪华、繁复，有的自然清新。如果能够找到与自己的设计风格和审美倾向一致的公司，在自己将来的设计发展上就能更顺利，同时深入研究自己喜爱的风格也是一种乐趣。

公司一般都会有自己的专长设计领域，有些公司专设计住宅、样板间类的项目，有些公司设计酒店类的项目，如BRD、BBG、HBA。有些公司在餐饮类项目方面擅长，如山水等设计公司。还有一些公司专注于设计办公空间类项目，如一公、穆氏等设计公司。

应试者的兴趣与公司方向如果吻合对于应试者来说是件幸事，因为有的人对小型空间的装饰有兴趣，有的人对大的空间型体的研究乐此不疲，有的人对餐饮业的富丽的色彩情有独钟，各人的兴趣不同，让自己的事业建立在自己的兴趣之上是最佳的状态。

但现实与理想总是有一些距离的，笔者只是希望应试者能不断地向自己的理想迈进。

如果在应试之初不去思考这些，你可能就要到许多的设计公司去应试，这个过程会耗费大量的时间，同时缺少针对性的练习，又怎么能考出好的成绩呢？所以我们应该在选择的初期就把握住自己的方向，而不是等到笔试通过了，再面试的时候，才发现自己的发展方向与公司不适合，自己的兴趣、风格不能在新的公司中延续与发展下去等等，这时如果再决定离开这家公司，之前的那些时间与努力就都化为乌有了。

从这个角度看，你是否应该做好前期工作呢？我们每走一步都面临着选择，早一些做好调查研究工作，对我们最终作出抉择有百益无一害，在初期花少量的时间做了解工作，节省的时间和精力却是大量的。

设计公司方案图（一）

设计公司方案图（二）

所以我们把这一项作为最重要的事，在开卷之初提醒大家，愿为读者的选择提供一点帮助。

1.1.2 针对各个公司的特点准备

如上文所述，各个公司有自己的专向，这与公司的历史、客户源，与公司的主要设计师风格等等都有着不同程度的关系，如果做好前期的了解工作，我们就可以开始对不同公司的专向与风格进行准备和练习。

准备的过程可以从以下三方面着手：

①从图书馆查找此类项目的实例与室内的实景图片，详细研究其平面与最终照片的关系，研究设计者对不同空间的功能和立面上的处理方法，对同类的空间不同设计师的不同处理手法，这样的研究有助于我们在今后的设计中更为灵活地处理不同空间的功能与立面。

②用一些建筑的图框进行设计的练习，尽量多做方案，最后与原设计的平面进行比对，这样经过自己的设计，对建筑的功能流线、功能分区，设计的难点都有自己的体会，这时再看看原设计的处理手法，就会有豁然开朗之感，而图中的设计手法也随着难题的破解深入地刻入我们的脑海之中。

③在对各空间的功能有清晰了解的基础之上，如何表达自己的设计思想就显得格外重要了。学习不同的表现手法，并且从中选择自己最擅长的一种或两种进行强化练习，同时多参考一些名师的作品，提高自己的审美情趣，临摹这样的作品对我们熟练运用色彩与线条有很大的帮助。

(1) 如果应试一个以酒店设计为主的公司，那么你可能要把注意力集中在酒店的大堂，桑拿和总统套房这三个方面，因为这三部分是酒店设计中最重要的也是最有特点的功能区。

①大堂部分有较大的空间，对于表现有一定的难度，功能上也比较复杂，包括了服务台、办公区、行李房、贵重物品存放、商务中心、大堂吧、商务休息区、卫生间等，以上是几个必要的功能，同时它还联系着餐饮区、会议区、娱乐区、服务区、客房区，如何安排各个区域的位置，如何组织客人与服务人员的流线，是大堂设计的难点，也就是应试的考点。

②相对大堂来说，桑拿在交通上没有那么复杂，但功能方面同样较为繁复。

一般对男女两部分有不同的面积要求，女部简单一点，但随着社会的发展，女性的SPA现已成为一种独特的，有别于一般桑拿功能的水疗系统。常规的桑拿中包括沐浴，坐浴，冷

大堂设计

热池，有一些会有药浴，更衣分一次和二次更衣，内有化装台，卫生间应与其邻近，休息厅内有酒吧、休息沙发带搭脚凳，为客人提供足底按摩服务。男女客人都可以通过湿区到达休息厅和后面的包房区，服务人员与客人分流，服务区有接待、更衣、办公、库房、员工休息，美容美发、桑拿部分的功能比较细致，要考的重点是男女客人的分流和客人与服务人员的分流，重要表现的区域会是浴池区域。

③总统套房一般只在4星及4星级以上的酒店中才会有此功能要求，总统套房一般会设计在酒店客房区的顶层，相对独立的一个区域，以体现其尊贵的品质。可以是平层也可以是跃层，功能与豪华的别墅相似。不同之处在于会有随从房，厨房较小，只用于早餐，主人房与夫人房分开，主卫生间应有净身器、桑拿房。总统套房在这几个考题中属于相对简单的一个，它考察应试者对豪华概念的体现，对舒适生活流线的安排和服务人员与客人流线的组织，重点表现客厅的大气典雅。

客厅设计（一）

客厅设计（二）

总体来说，酒店的空间多采用古典和对称的手法体现豪华和尊贵，现代的手法多用于小型的酒店或酒店式公寓。

（2）如果是以办公空间为主的设计公司。一般会用办公楼的大堂或总裁办公区作为考试的考题，也可能用一个小型的公司设为考题。

①办公楼大堂与酒店大堂不同，重要的是体现办公空间的庄严，素雅。不同类型的办公空间有不同的风格，如金融保险类的办公楼多采用比较保守的、传统的做法。古典对称的形式，相对来说更容易被接受，更能够体现企业的稳重与自信。而另外一些电子信息产业的公司则会更倾向于新颖的、现代感强的、有鲜明的企业风格的设计，体现科技感与独特的审美情趣。

办公楼大堂设计

另外有些企业对室内使用材料的色彩有明确的规定，基本按公司的VI中规定的色彩使用，特别是公司标志背墙的颜色和字的大小比例都会有明确规定，所以在设计时需要考虑色彩之间的搭配，特别是家具的形式与色彩。

在大堂的功能方面，需要考虑的主要是人流的组织，从接待区到商店、到会议、到餐饮区、到商务中心、到服务区、到办公楼层都需精心的安排设计。

②总裁办公区的设计主要是针对比较大型的企业或公司，总裁及高级管理人员一般设计在一个楼层内办公以求创造一种更为安静、舒适的工作环境。

总裁办公室内一般会有会议、贵宾接待室，前台，秘书室以及多个管理人员的办公室、财务室和总裁、副总裁的办公室。

一般来讲，总裁办公室应与财务、会议室相邻近，还应配备一名秘书或助理，其级别应与副总或经理相近，高级管理人员办公室内应有接待区、洽谈区、工作区，有独立的卫生间和休息室，贵宾接待室应注意家具的摆放。

③如果拿到的考题是一个小公司的办公空间，那就要看你对公司的各个功能房间的组织能力了。可以根据不同公司的特点，选择规整或活泼的风格。如果空间比较小，应做得尽量通透开敞，接待区可以做得大气宽敞，与洽谈会议室邻近，与茶水间和复印设

总裁办公室

备也应相邻，以便于日常的工作。高管办公区尽量与开放办公区远离，但应与会议室、财务室、秘书室相邻。

（3）如果是一家以餐饮业为主要设计对象的设计公司，那么在最终效果的表现上需多花些功夫，在平面功能布置上，需要更为专业的知识和经验，比如中餐厅与西餐厅的餐位与厨房面积的比例不同，中餐厅的比例接近 1 ：1，西餐厅 2 ：1 左右，厨房的位置应有外窗，以达到防爆的要求。

日本餐厅透视图

大厅透视图

还有很多种类的室内空间需要这种针对性的准备，住宅，公建这里就不一一列举了。

1.1.3 了解考试的重点，看清楚题目的要求

每个考题都有其考点，也就是这个考题的难点，可能是由于原建筑条件不同而造成，也有可能是功能要求复杂所致，以上两种情况是客观因素导致的室内布置困难。

除此之外对于不同功能的室内空间，应特别注意其功能特点，也是考试难点的一部分，正如前面一节中所分析的，酒店、办公、餐饮、住宅，各种空间的特点与功能是不同的，所以了解和熟悉设计对象，在功能上绝对不可以缺漏，在此基础上，才是功能分区布局，流线安排，直到对最终效果的把握。

1.1.4 多方面表现自己的想法

室内设计的择业考试大部分是有时间限制的，所以要在有限的时间里尽量表现自己的想法。

考试时虽然有一些图是规定必须要画的，

比如平面图、顶棚图、效果图，但并不能说做完这几张图就算工作结束了，作为一个合格的设计师应该考虑得更多，如在平面上是否有不同的解决方法，是否能做出更流畅的功能布置，是否能做得更为独特，因为我们总是相信有更好的方案，在我们多做一些努力之后会出现。

当我们用一种充满激情的态度去面对自己的设计时，就会有将设计表达得更为充分的渴望，可以用局部的草图、大样、立面等多方位解释一个设计。

这样不仅能够表现出设计的全貌，也可以表现出它的细节，更重要的是它表现出了一种态度，一种职业精神。在相关人员对作品进行评判的时候也是对人，对人的态度评判的过程，而这种做事的态度是可以从图中看出来的。

有人说，态度决定一切，确实是这样的。

局部草图（一）

局部草图（二）

方案草图（一）

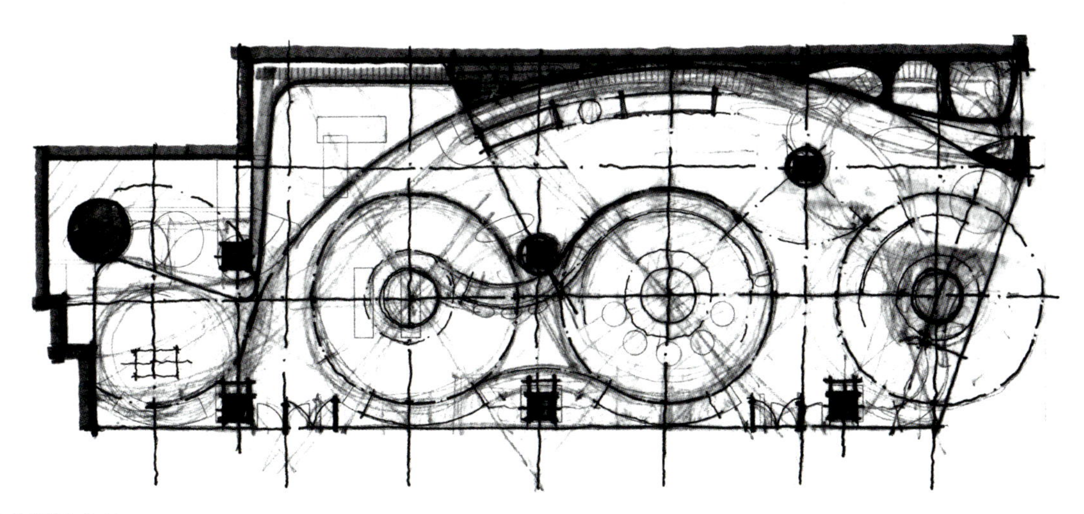

方案草图（二）

1.2 面试的注意事项

1.2.1 注重举止礼貌

面试在择业考试中是一个非常重要的环节，有些应试者认为面试只是在走走形式，关键要看自己的能力，只要有能力胜任这份工作，其他的都无所谓。

这样的想法是很片面的。一个正规的有远见的公司，对招聘每一位员工都是很慎重的，因为未来公司的发展是要依靠每一个员工的努力才能完成的。一个好的员工不仅要看他的工作能力，还要看他的为人处事，看他的理想与目标。

为人处事可能不是一朝一夕可以看出来的，但举止礼貌是一个人平时行为处理的反应，也可以透过你的一举一动，看出为人的态度，所以如果你平时没有注意到自己的举止，就应在面试前认真学习一下。

首先衣着应该干净整洁、合体。

穿正装是最好的选择，一方面能给招聘者以良好的第一印象，另一方面也说明你对于这个公司招聘者的重视与尊敬，而且正装也会约束你的行为举止，至于穿正装应注意的一些衣着上的细节，这里就不作详细的说明了。

面试的过程大家都了解，整个过程中动作没有多少，如此简单的一些动作有什么需要注意的呢，事实上很多人都忽视了这其中的细节。

①到达应聘的公司时间要准时，不要过早，更不能迟到，因为面试的主管有自己的时间安排，过早或迟到只能说明你没有合理的安排自己的时间或没有很好的控制自己的时间。

②到了公司要向前台说明来意。

③等候时要注意自己的坐姿。

④注意握手的方式，男士握手与女士握手是有差别的，不能用左手。

⑤进入洽谈室要把门轻轻关好，这可以体现出你平时是否为他人着想。

⑥谈话时要自信，并注视对方，表现对说话人的尊重。

⑦离开时要主动与对方握手，把座椅放回原位。

以上都是日常工作的礼仪，对于我们平时的人际关系都有很大的帮助，所以在应聘时更应重视。

1.2.2 确定自己理想的职位与发展方向

应聘的过程就是选择的过程，作为应聘者，首先要对自己有一个合理的定位。了解自己现有的水平，工作和处理问题的能力，对自己有一个清楚的认识和评价之后，要确定自己希望向什么方向发展，希望学到什么或是希望在哪方面发挥自己的特长，这些不仅对应聘者来说非常重要，甚至对于人的一生都应该作为头等大事来考虑。

正确的方向是成功的基础，每个人的天资不同，努力的程度不同，但只要方向是正确的，到达目标只是迟早的事情，相反的如果方向是

错的，一切的努力可能不但没有起到作用，而且使自己离目标越来越远。

那么你的方向是什么呢？

你所希望得到什么样的职位呢？

这个职位是否适合你将来的发展？

这个职位的工作你是否可以胜任呢？

1.2.3 了解应聘公司的历史与发展

一个人的发展与环境有很大的关系，公司是你专业能力培养的环境，能够与公司共同成长对于个人与公司来说都是最佳的一种状态。

你是否了解这个公司呢？

前面已经讲过，不同的公司有不同的业务范围、不同的专业设计领域，选择自己喜欢的风格和设计领域，同时还要看这公司的历史发展和状况。选择一个有前途的公司是很重要的，公司成立多久，到目前为止，公司的规模是否有所变化，公司的业绩如何，公司的设计范围是扩展了还是依旧，公司的福利待遇是否正规齐全，公司是否有长期和近期的发展计划，这些都是对一个公司整体状况作出评价的因素。

通过这些问题应试者如果可以选择一个能让自己发挥能量又有发展的公司，就可以与企业共同成长，如果公司经营运作中有问题，即使你的个人能力很强，也无法改变公司在市场的竞争中被淘汰。

1.2.4 针对性准备面试问答

面试的问题涉及面很广，但一般可分为专业性问题和非专业性的问题两类。

开始时都是从非专业的问题谈起的，常见的问题如：

（1）你过去的工作经验

如果是刚毕业的学生可以说刚刚毕业还没有开始工作，但应提及在什么地方实习过及工作内容。

如果是有多个公司的工作经验，应有条理地把自己在不同公司工作的时间、责任职务，以及每一次离职的原因表达清楚。

从公司的角度讲是不太喜欢那些在一个公司工作没几天就跳槽的员工，这只能说明这个员工对自己的目标不明确，对自己没有一个清晰的认识，不能踏实的工作，以至于换了又换，这也正是书中为什么把明确方向和了解要应聘的公司放在前面着重讲解的原因。

如果你不是上面所说那种员工，那么你就应该有充足的理由说明你离职的原因，例如为了自己的理想，为了不断地自我更新，这是最能让人信服的理由，同时也表现了一个人的志向和信心。

（2）你最大的弱点是什么？

这个问题让面试者都会紧张，也正是在考察你面对棘手问题的反应。

（3）你为什么认为自己胜任这份工作？

结合自己以往的经验或实例来强调自己的特长与技能。

(4) 你期望的薪水是多少?

说出一个自己可以接受的最低范围，如果你做好了了解公司的工作，工资方面就不是问题，而职位才是你最终想得到的。

(5) 如果雇佣你的话，你什么时候开始工作?

保险的说法是我下月初可以开始上班。

(6) 你有什么要问的问题么?

这时可以多了解一下职位的详细情况，职责等。

非专业问题，目的是为了解员工的基本素质，做人做事的态度，探察应试者对专业的熟悉程度的同时，所表现出的应对能力，交流能力和表达能力，所以应在面试前做好对于这方面问题的相应准备，更要注重日常生活中良好的与人沟通的习惯。

专业问题，涉及面很广泛，包括对建筑与室内的空间理解，室内的设计风格和理论基础，现代的室内设计潮流，具体工程的点评。

大部分的问题会在你讲解自己设计方案时，结合方案的具体问题来讨论，如果在以往的设计中有相似的实际项目可以用来论述自己在设计中所表达的想法和观点。

在解说方案和讨论的过程中，面试主管可以测试出面试者在设计中是否有自己独到的见解以及对专业知识的熟悉程度。

有关这方面的专业问题如下:

(1) 你在参加的实际设计项目中有什么收获?

考查你对实际工程的控制能力。

(2) 你在以前的工作中有什么收获?

考查你在前面的公司是否在学习，每一个公司都有可取之处，只是看你是否能发现，就像看人，每个人都有优点和缺点，一个积极的人会看到每个人的优点去学习。

(3) 为什么选择了这个专业?

有的人看到哪个行业赚钱就干哪行，今天建筑明天室内后天又去做景观，再往后又回去做建筑，结果哪个专业都不精，公司又怎么能相信这样的员工会与公司长期共同发展呢。

(4) 你对中国室内设计现状有什么看法?

考查你对设计的发展和对专业的感情。

如果你想成为一个有思想的设计师，就应该思考这些问题而不只是为了面试。

1.2.5 心理准备

在熟悉面试常见的形式和内容的基础上，同时也要对一些有可能碰到的特殊形式有所准备，毕竟每个公司都有不同的面试方法，但应聘者必须明确自己的目标。

面试开始阶段可能不会涉及到实际问题或相关的知识，但应聘者的每个细节都密切关系到面试主管对他的最终印象，所以，即使面试尚未进入核心部分，应聘者也要表现得自信、文雅。

诚信是每个公司对员工的基本要求。相比一个人的诚信，他的专业技术设计水平等都变得次要了。

做事最终是体现了一个人的处事态度，做事就从做人开始，诚信是一个人的最基本的素质，希望每个应聘者都能真实地面对自己的未来。

第 2 章

试题设计

2.1 概念的含义

创造一个各方面都很完美的室内空间，需要许多有效的技巧、范例、语言及程序，这些途径与方法，加深了我们对设计活动的理解，帮助我们整理和表达设计构思。

如何提出一个最初的设计概念呢？

它源于对问题的分析或是因问题的刺激而引申出来的一种概括及初步性的，需要进一步发展的想法。

传统意义上讲一个设计的概念是设计者对于设计条件的回应，概念就是把抽象的问题陈述出来，并基于此而发展出具体的室内的设计，概念存在于设计条件中，存在于设计者对问题的认知中，通过对问题的深入研究，得出设计的中心概念并加以专业化的处理。概念可以为设计程序及成果指引方向。

我们可以从设计任务书中获知设计条件及需求，并最终设计出一系列的功能房间，应先将设计条件分为几部分，分别处理，然后再加以结合使其成为一个完整的设计。

A 功能分区

B 室内空间

C 交通流线与造型

D 与环境的互动

E 经济性

功能分区和与环境的互动，涉及现状，而业主的经营方式，项目所处的位置及环境是已知的空间，流线及造型是设计者回应这些已知条件进而成为具体设计的方向。

设计作品的优劣决定于设计者是否能创造出完整有用的、效率高而又富有创意的概念，并能使这些概念彼此配合相宜。

由于设计者本身的个性以及设计习惯的不同，他可能以较严格的程序强调概念的重点，或以有次序的方式跳跃思考，甚至以自由的方式着手，直到全部问题得以完全的解决。设计者对于问题注意的次序以及强调重点的不同将会对问题的解决产生重大的影响，那些最先提及的问题通常便是设计者心目中最重要的问题，也会因此处理得最完美和成功。因为最早获得处理的问题，便最早被形式化，因而成为解决后续问题的线索。

构思表现草图（一）

2.2　概念与设计

在设计过程中设计者在确定了设计概念后，就会在这个概念的指导之下去处理问题，并将问题分解为几个易于掌握和叙述的部分，以便于容易有效地加以解决。

设计的概念是一个设计成功的核心（即一个设计的创意），如果在设计的过程中只是简单地解决了功能的问题，这并不能称之为一个好的设计。如何组织这些空间，使身处其中的人得到更舒适的感受，如何将艺术性的造型融入设计之中，使人得到视觉上的享受，如何用精彩的细节体现工艺的精湛和对人的细微关怀，这些才是一个设计师最应该去认真研究、探讨的地方，优秀的设计也因为对这些问题的恰当解决而诞生。

构思表现草图（二）

2.3　设计构思的形成

理念的形成是设计者的首要工作，虽然对于一个结果先定下方向是很困难的，但这是不得不做的最迫切的一件事。

设计的成功是源于设计时判断的正确，而设计起始时正是决定一切设计选择以及解决方向最重要的时刻。

设计概念的产生可以分为主动与被动两种，主动的方式是通过运用思考的技巧来提出一种想法，其中有大部分是主观的对客观的条件的理解，对最终效果的要求以及所展现的空间与内涵。这个过程强调了设计者的设计理念和个性。另一种被动的方式是设计者在不断吸收消化设计资料的过程中，相关的构想会自然地被推导出来，从而通过归纳总结，得到一个最终的理念。

这两种方式一般是混合运用的，两者的比例依赖于设计者本身的个性和使用的效果来决定。

对于应试者来说，可以通过几个步骤来完成这个阶段。

(1) 回忆曾经应用过而且被证实为成功的理念；

(2) 阅读设计任务书与相关的图纸；

(3) 明确问题的关键及主题；

(4) 以自己的语言来重新描述设计项目；

(5) 列出关键词，即设计中不可缺少的元素；

(6) 寻找以隐喻及类推而引起构想的专业术语；

(7) 将自然艺术以及其他学科与设计相类比，以找出相似或隐喻的联想。

2.4 功能的区分

从功能入手是比较易于把握的设计方法，在我们认真读完设计任务书的要求后，首先会了解设计项目的性质，即其属于办公类、酒店类或公寓类等的大体属性。明确了项目的性质之后，可以回忆以往的成功案例，整理出符合条件要求的构思简图，即功能流线图，在这里应着重考虑功能区之间的关系，应该紧密还是应该远离，或是完全隔开，组织好这些功能区的关系后，就可以从意向草图开始整体构思，在这个阶段需尽量用粗大的笔触划分功能，同时考虑各个功能分区之间的关系与流线，如果设计任务书中对面积有明确要求的应在这个阶段大致划分清楚，同时可以根据自己的经验，检查是否有遗漏

的功能房间。通过几次的调整，便可以将确定的意向草图细化为最终的设计草图，当然在一些重点空间部位，还会在推敲空间效果时，作最终的调整。

平面功能的布置考验了设计师对不同空间的熟悉程度，以及基本的设计能力。对于一个室内空间来讲，平面功能是其中至关重要的部分，所以在这个阶段的设计应反复研究，谨慎落笔，看空间上是否可以拓宽或增高，同时需要对消防的规定有一定的了解，比如走廊的宽度、长度，尽端房间的大小等等，虽然一般在择业考试中不会特别强调这些，但这方面的考虑为你的设计提供了支持的根据，在以后的设计中也是必不可少的。

2.5 空间形体的设计

在平面功能基本确定的过程中，设计者应在脑海中有了空间造型的大概模型，这也是作为设计者一直都在培养的一种空间的想像力。

空间的造型与色调与空间的性质有很大的关系，设计时应重点考虑未来使用人群的心理与活动特征，尊重使用者的习惯与要求。比如同样是办公空间，政府的办公楼与公用的办公楼在性质和特征上有很多不同，不同行业的办公也有其特色，如医药业、金融业、IT 业、广告业，在形式上要根据不同的特点选择或庄重或沉稳或轻松或活跃的不同风格，以创造出不同空间气氛。又如酒店的设计，性质上也分为商务的、度假的、城市的或风景区的等等，商务酒店应考虑到会议、休闲的配套设施，而度假酒店在风格上应注重当地的民族特色与自然环境的融合。

在色彩方面，一般来说与人的日常生活有关的空间宜采用暖色的或偏暖一点的色调，在这种色彩环境中生活会给人一种温馨、舒适的感觉，对于办公或公共设施类的空间采用冷色调可以给人严肃、紧张、高效的感受。

2.6 建筑结构的影响

对于室内设计师，了解建筑的结构是必不可少的，就像做内科手术，医生要了解人体的内部结构，才能知道如何入手，才能了解如何不损伤其他的骨骼或内脏。

做室内的设计，要了解建筑是哪一种结构，这影响到我们在重新划分室内功能空间时，是否可以改变现状的格局。因为在建筑设计时，并不一定了解最终使用者的需求和生活或工作的模式，那么其中的差距就留到了室内设计时来完成。在与使用者沟通后，重新划分空间可能就是必不可少的了。

了解建筑的结构不仅是要了解建筑是框架的还是砖混的，还需要了解建筑属于高层还是多层，它的设备、管线的位置与高度，机房与管井的位置，哪些是不变的哪些是不可调的，当把这些客观条件都了然于胸时，进行设计就游刃有余了。

第 3 章

快速设计的表现方法

3.1 工具准备

①纸——方格纸、其他纸张

方格纸：用途广泛，在快速考试的过程里，可以迅速准确地描绘比例或者韵律，节省大量的绘图时间。

其他纸张：考试用纸一般由组织考试的学校提供，也可自带几张 A1 及 A2 的素描纸和硫酸纸，作为画草图之用，自己带的图纸要裁好，打好图框，也可以用铅笔画好一些方格，以提高考试效率。

②笔——普通铅笔、彩色铅笔、钢笔、马克笔、炭笔等多种选择

普通铅笔：用途很广，能绘制基本的草图，最好准备至少三支以上的中华牌铅笔，以减少在考试中花费的削铅笔的时间；如果准备用铅笔画透视图，就要多准备几种规格，至少要有 2H、HB、2B 等。

彩色铅笔：能通过纯色调用线条来表示画面的明暗值，达到较好的表现效果，而且还有易于修改的特点（但是为了保持画面质量，应尽量减少涂抹），所以深受广大从业者的喜爱。在考试前应备好适应不同需要的多种颜色的笔。

钢笔：钢笔最好用特细的钢笔或者财会笔，墨水尽量不要用普通的碳素，要选择适合自己绘画习惯的，也可根据个人习惯以中性笔代替。如果直接画成没有把握，就应先用铅笔打好草稿，以防不能修改的失误影响训练水平的发挥。

马克笔：马克笔干得很快，颜色不会扩散，图纸效果很好，适用于任何纸质。但是其型号颜色差异较大，要在平时练习的过程中，挑选出自己把握性较强的颜色型号，以保证考试的顺利完成，切忌在考场上临时换用其他类型和型号的笔。

③橡皮——和铅笔配合，用于修改

④尺子——比例尺、三角板。一套 40cm 三角板、80cm 的丁字尺

⑤计算器——小型简易计算器

⑥小刀——裁纸刀、刀片

⑦胶带——双面胶、透明胶

⑧图板——条件允许最好准备

3.2 绘图技法

快速设计的绘图技法是考试中的重要环节，设计思路的表达主要依靠几种基本技法，包括马克笔、彩色铅笔和水彩等。

3.2.1 马克笔

马克笔快速表现是一种既清洁且快速有效的表现手段。马克笔的一大优势就是方便、快捷，工具也不像水彩水粉那么复杂，有纸和笔就可以。笔触明确易干，颜色纯而不腻。颜色多样，不必频繁地调色，因而非常快速。马克笔分水性和油性，水性马克笔色彩鲜亮且笔触明确，缺点是不能重叠笔触，否则会造成颜色脏乱，容易浸纸。油性的特点是色彩柔和笔触自然，缺点是比较难控制。

店铺橱窗表现图

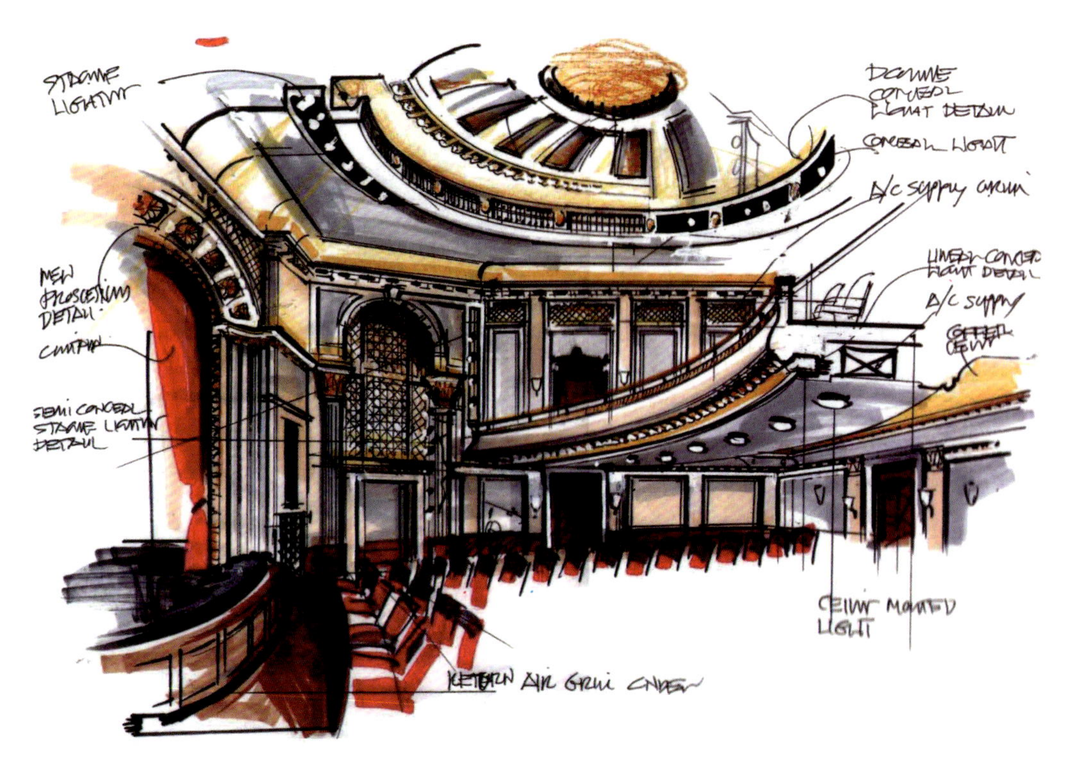

剧场表现图

会议厅表现图

酒店大堂效果图

起居室效果图

主卧室效果图

包房效果图

厨房效果图

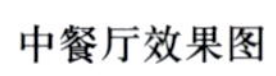

中餐厅效果图

餐厅效果图

日式餐厅效果图

咖啡厅效果图（一）

咖啡厅效果图（二）

贵宾接待厅效果图

接待前厅区效果图

开放办公区效果图

展厅效果图

3.2.2 彩铅（基本手段）

铅笔表现是比较基础的绘画方法，具有比较强的表现力。各种笔的表达效果各不相同，用笔的轻重缓急、纵横交错，能使画面达到比较丰富的效果。总的特点是操作方便，比较便于修改；但是，由于其笔触较小，大面积表现时应注意时间的限制条件。可考虑结合其他更为便捷的方法快速完成图纸。

会所门厅效果图

酒廊效果图

机场大厅效果图

酒店大堂效果图

餐厅效果图

酒店大堂效果图

娱乐城平面效果图

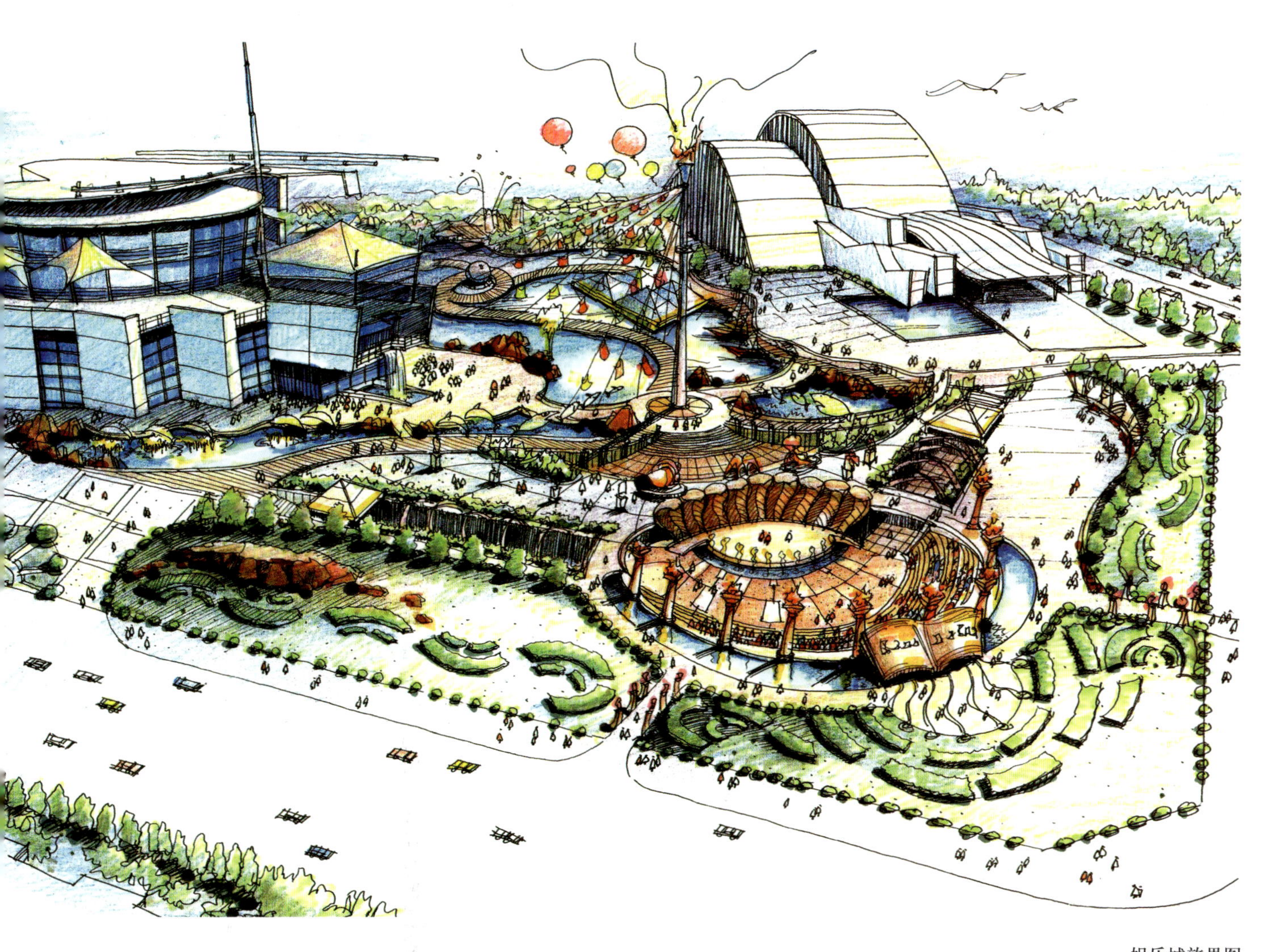

娱乐城效果图

商业街效果图（一）

商业街效果图（二）

商业街效果图（三）

办公大厅效果图

3.2.3 水彩（一般技法）

水彩的表现力比较丰富，效果明显，但是较难掌握。一般由浅色部分开始画。水彩可分为干画法与湿画法。干画法是一种多层画法，干画法运用可分层涂、罩色、接色、枯笔等具体方法。湿画法可分湿的重叠和湿的接色两种。水分的运用和掌握是水彩技法的要点之一。水分在画面上有渗化、流动、蒸发的特性，画水彩要熟悉"水性"。充分发挥水的作用，是画好水彩表现的重要因素。

商业街效果图（四）

商场大厅效果图

滑冰场效果图

会所大厅效果图

会所电梯厅效果图

商业街效果图（五）

商业街效果图（六）

别墅效果图

商业街效果图（七）

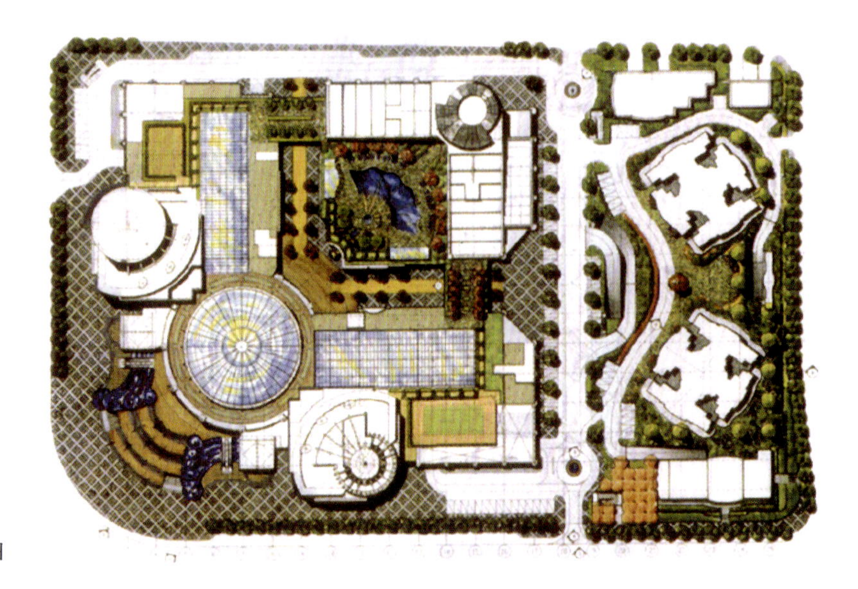

商业平面图

商业街效果图（八）

商业街效果图（九）

海滩夜景效果图（一）

海滩夜景效果图（二）

商业街夜景

商业街鸟瞰图（一）

商业街鸟瞰图（二）

海岸效果图（一）

海岸效果图（二）

港口效果图（一）

港口效果图（二）

会所效果图

3.2.4 钢笔

钢笔是绘图最基本的工具，熟练运用钢笔是应试者应具备的技能。

点的巧妙运用，能增加物体的质感和画面的动感。在运线的过程中要注意力度，一般在起笔和收笔时的力度要大，在中间运行过程中，力度要轻一点，这样的线有力度有飘逸感。大的结构线可以借助于工具，小的结构线尽量直接勾画。

酒店餐厅效果图

别墅区鸟瞰图

入口效果图

庭院效果图

庭院效果图

大堂效果图

概念设计表现图（一）

概念设计表现图（二）

入口效果图

休息区效果图

餐厅效果图

外立面效果图

泳池效果图

大堂效果图

酒店立面效果图

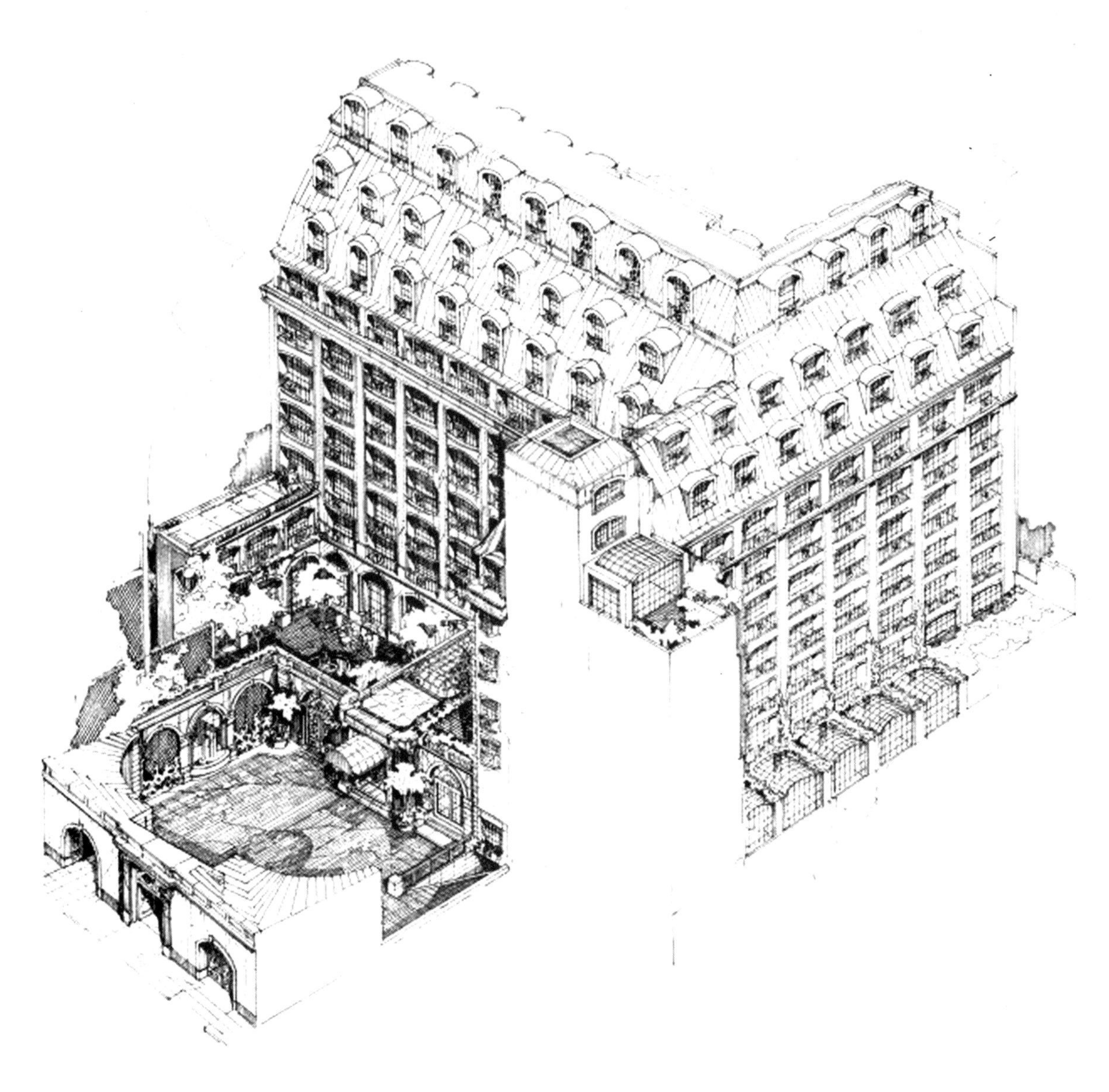

酒店外立面效果图

主卧效果图

3.2.5 混合技法

在熟练掌握以上的表现技法之后，将不同的工具，不同的技法综合起来运用于效果图中，使其更具表现力。

3.3 草图范例

3.3.1 办公空间

接待前厅效果图

办公区效果图

总裁办公室效果图

办公接待效果图

接待区效果图

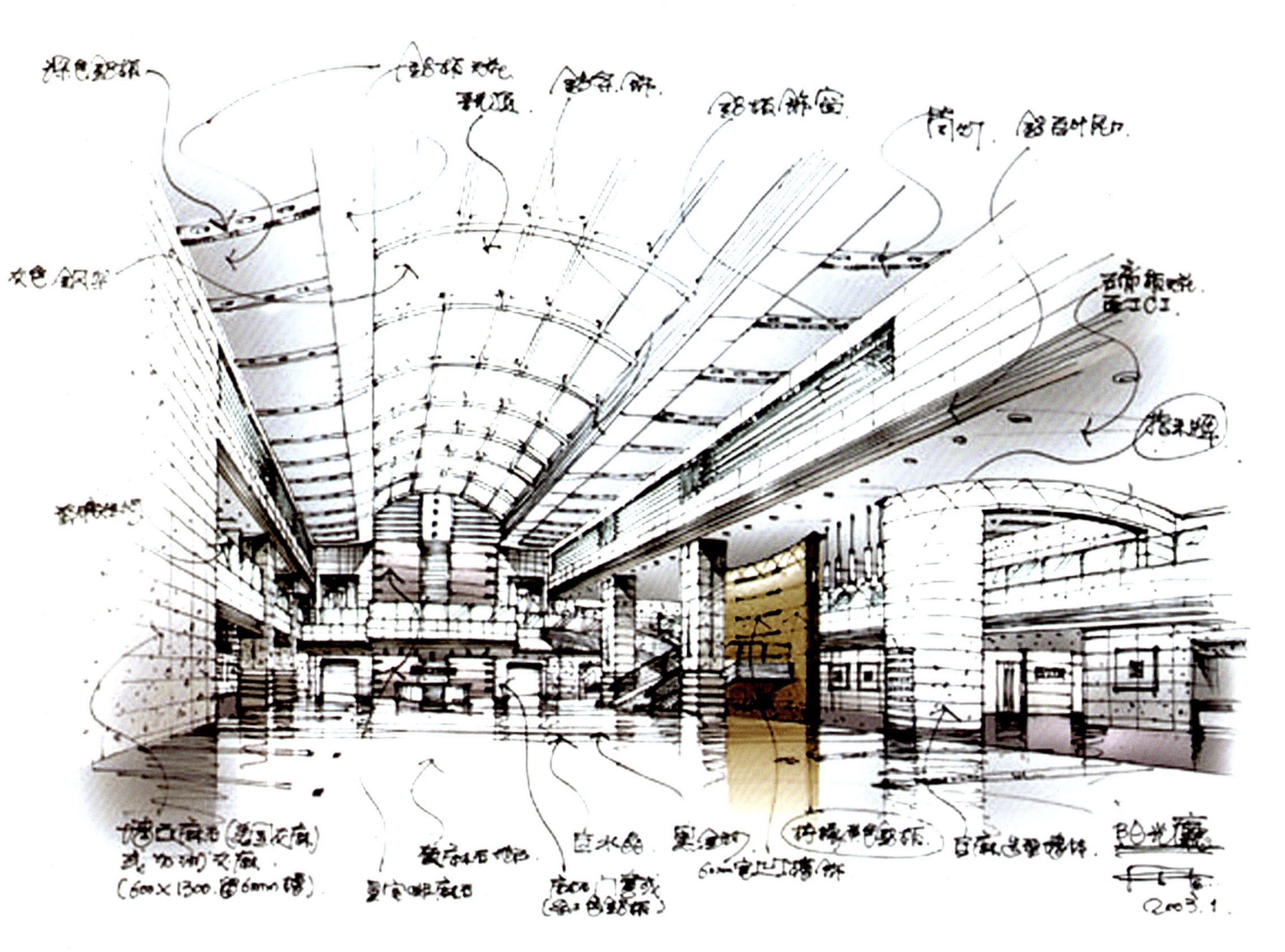

办公大堂效果图

休息走廊效果图

办公接待前厅效果图

3.3.2 餐饮空间

餐厅效果图

餐厅效果图

餐厅效果图

餐厅效果图

餐厅效果图

餐厅效果图

餐厅效果图

餐厅效果图

餐厅效果图

餐厅效果图

餐厅效果图

餐厅效果图

餐厅效果图

餐厅效果图

餐厅效果图

餐厅效果图

餐厅效果图

餐厅效果图

餐厅效果图

餐厅效果图

餐厅效果图

餐厅效果图

餐厅效果图

餐厅效果图

3.3.3 酒店空间

电梯厅效果图

酒店大堂效果图

酒店大堂效果图

酒店效果图

酒店效果图

酒店效果图

酒店效果图

酒店效果图

咖啡厅透视图

综合楼入口大堂设计效果图

酒店效果图

酒店效果图

酒店效果图

酒店效果图

3.3.4 商业空间

商业街效果图

商店效果图

商店效果图

商店效果图

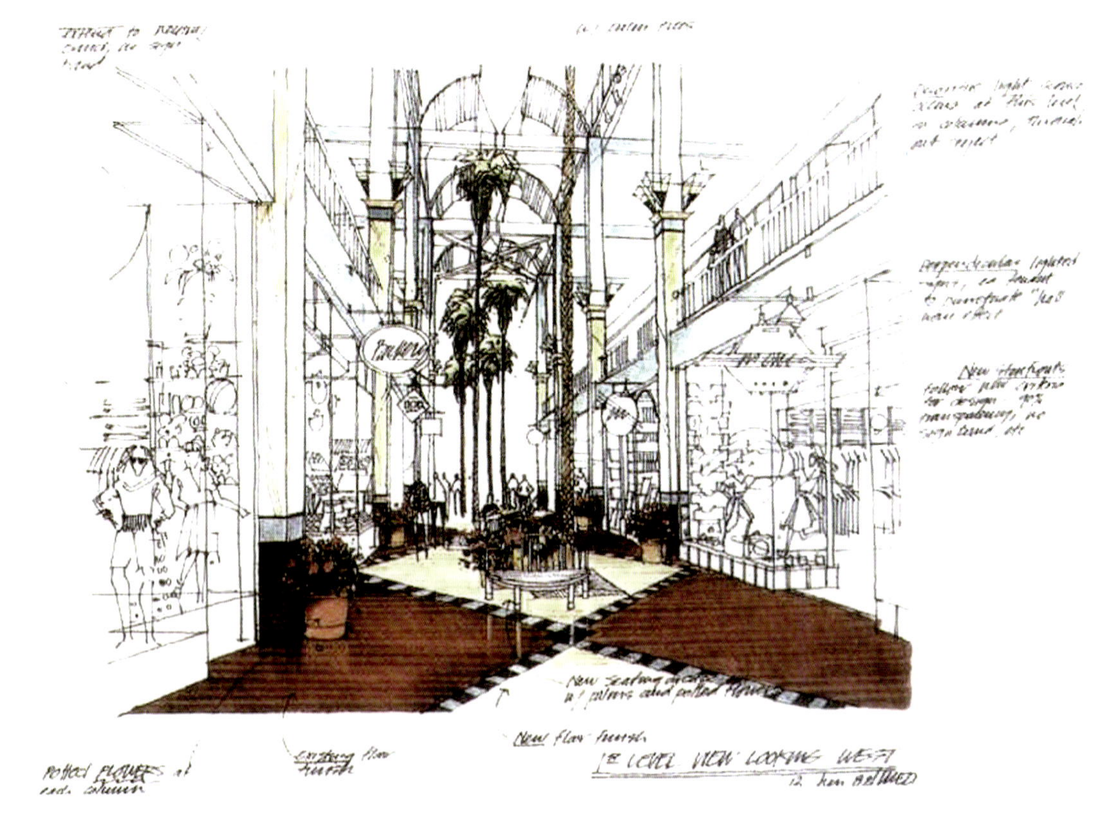

商店效果图

商业空间效果图

3.3.5 公寓住宅空间

卫生间效果图

书房效果图

卧室效果图

起居厅效果图

卧室效果图

起居厅效果图

卧室效果图

卧室效果图

书房效果图

起居厅效果图

浴室效果图

起居室效果图

休息空间效果图

起居厅效果图

卧室效果图

起居室效果图

公寓大堂效果图

公寓大堂效果图

公寓大堂效果图

书房效果图

起居室效果图

起居室效果图

卧室效果图

起居室效果图

起居室效果图

卧室效果图

休息厅效果图

起居室一角效果图

卧室效果图

起居室效果图

第4章

室内设计择业考试例题与分析

4.1 办公楼室内装修设计

4.1.1 办公楼室内装修设计一

（1）项目名称：某单位办公楼

（2）设计方案说明：建筑面积 2500m^2，楼层高度：首层 4800mm，二层 3600mm

（3）设计要求：简洁、明快、朴素、大方，8 小时完成

首层装修基本要求　　表4—1

	序号	内部功能	面积m^2	人员人数	设施要求
东侧	1	代理处	200	7	前柜台式、后办公、设等候区
	2	信息处	70	9	9人、8位员工、1位主管
	3	人事处办公室	50	7	6位员工、1位主管
	4	研究室	60	10	9位员工、1位主管
	5	行政后勤处	70	7	6位员工、1位主管
	6	司机休息室	20	5	
	7	勤杂人员用房	10	3	
	8	值班室	15	2	
	9	清洁室（开水间）	15		上下水、地漏
西侧	10	大会议室	200	60	可以分割开2个区域
	11	贵宾室	70		
	12	小会议室	70	30	语音同译系统、电子白板、桌面麦克
	13	厕所	40		
	14	大厅	150		电子屏幕、接待区、水幕墙、电视系统
中间	15	剩余面积			员工休息区1个（开放式）
合计			1080	50人	

二层装修基本要求　　表4—2

	序号	内部功能	面积m^2	人员人数	设施要求
北侧	1	办公室	80	8	2间各40m^2
	2	财务处	100	10	2个各50m^2
	3	处室1	150	18	16位员工、2位主管
	4	处室2	80	7	6位员工、1位主管
	5	清洁室（开水间）	15		上下水、地漏
南侧	6	主任办公室	90	3	3间各30m^2
	7	小会议室	40		
	8	中型会议室	80		
	9	厕所	40		男女各一间
	10	清洁室（开水间）	15		上下水、地漏
	11	剩余			割除办公区、员工休息区一个（开放式）
合计			690	46	

(4) 设计成果要求

① 1 ： 100 平面图

②效果图大堂及其他空间任选一

③设计说明

设计者以简单的材质和干净的色彩营造出一个高雅纯净的办公空间，室内照明的设计与室外的自然光很好地结合起来相互补充，为室内环境增添了活力，大堂的设计充分利用了建筑扇形的空间，把弧线的美完全展现出来。

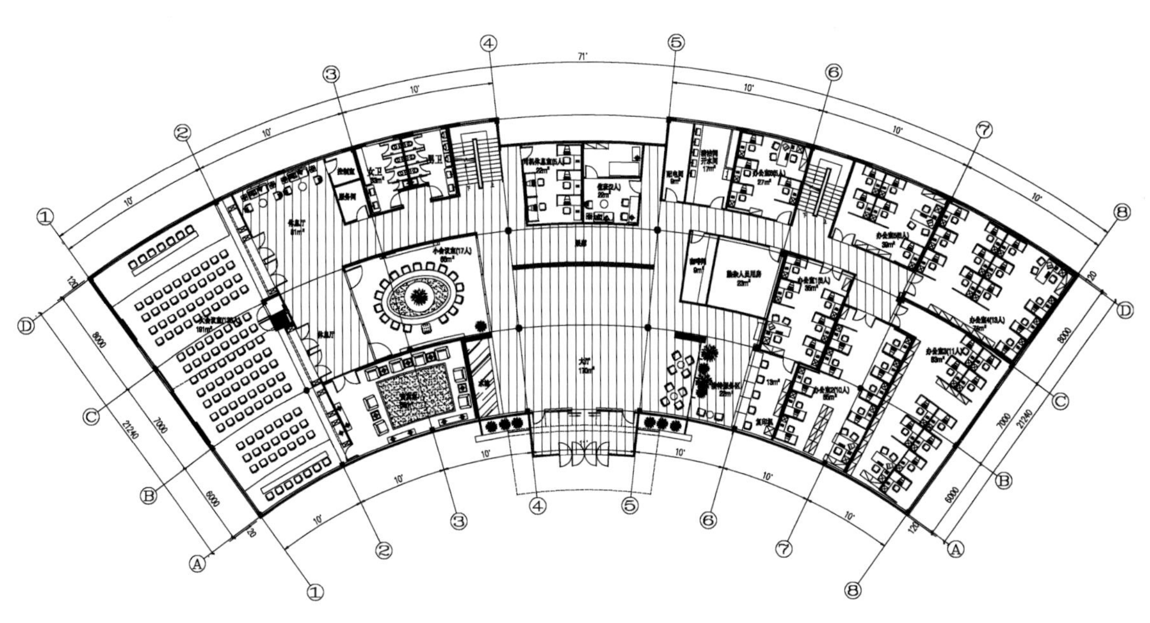

首层平面图

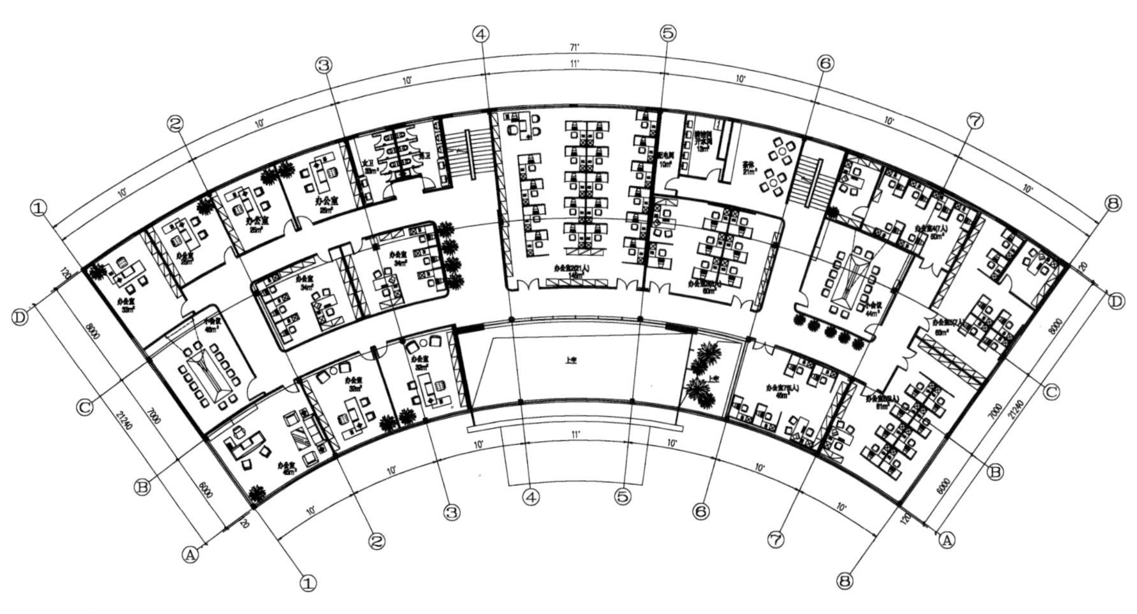

二层平面图

办公楼大堂效果图一

办公楼大堂效果图二

办公楼贵宾室效果

4.1.2 办公楼室内装修设计二

（1）项目名称：某公司总裁办公室

（2）设计方案说明：楼层高度 3600mm

（3）设计要求：庄重、高雅、简洁、大方，4 小时完成

（4）设计成果要求

①1 ：100 平面图

②效果图　办公室

③设计说明

装修基本要求　　表4—3

序号	内部功能	面积m^2	人员人数	设施要求	装修要求
1	会议室	40	10	语音同译系统、电子白板、桌面麦克	
2	秘书室	20	1		
3	休息室	25			
4	卫生间	8			
5	办公室	100			
6	接待室	20			

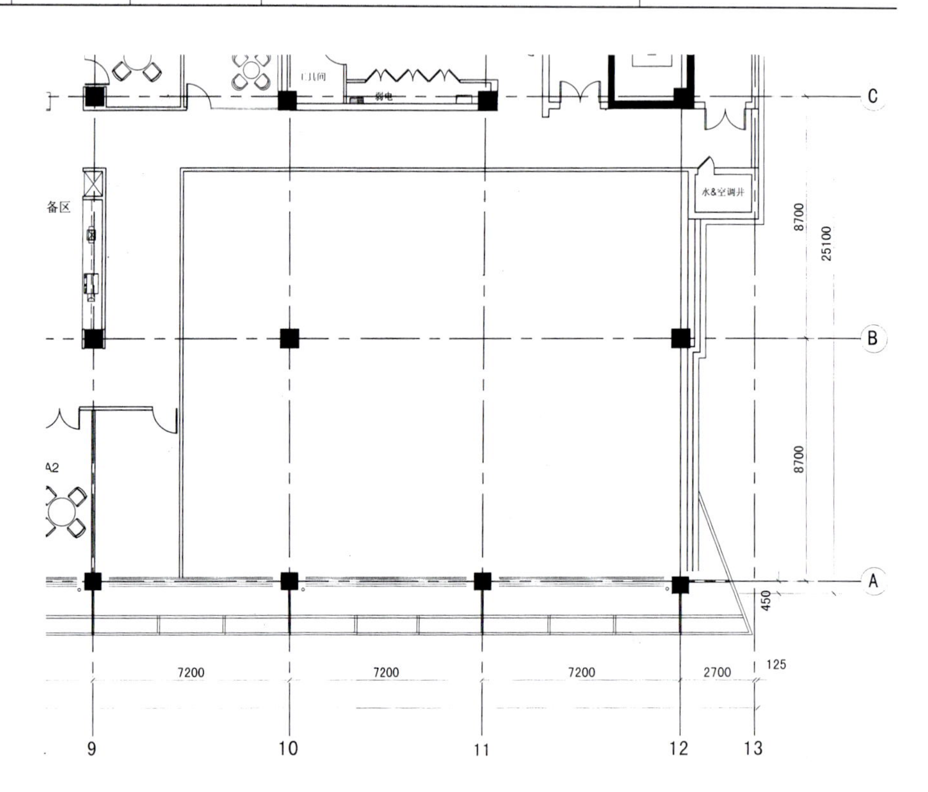

设计条件图平面

平面草图一

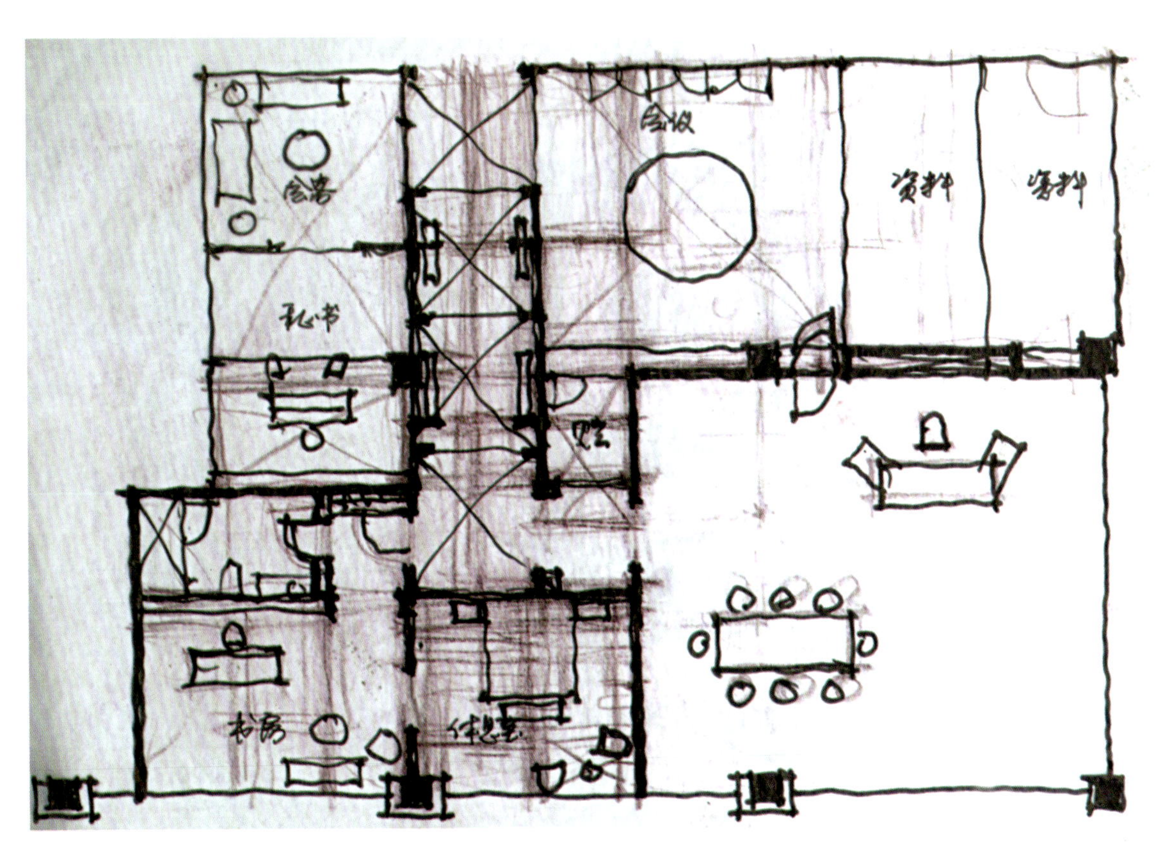

平面草图二

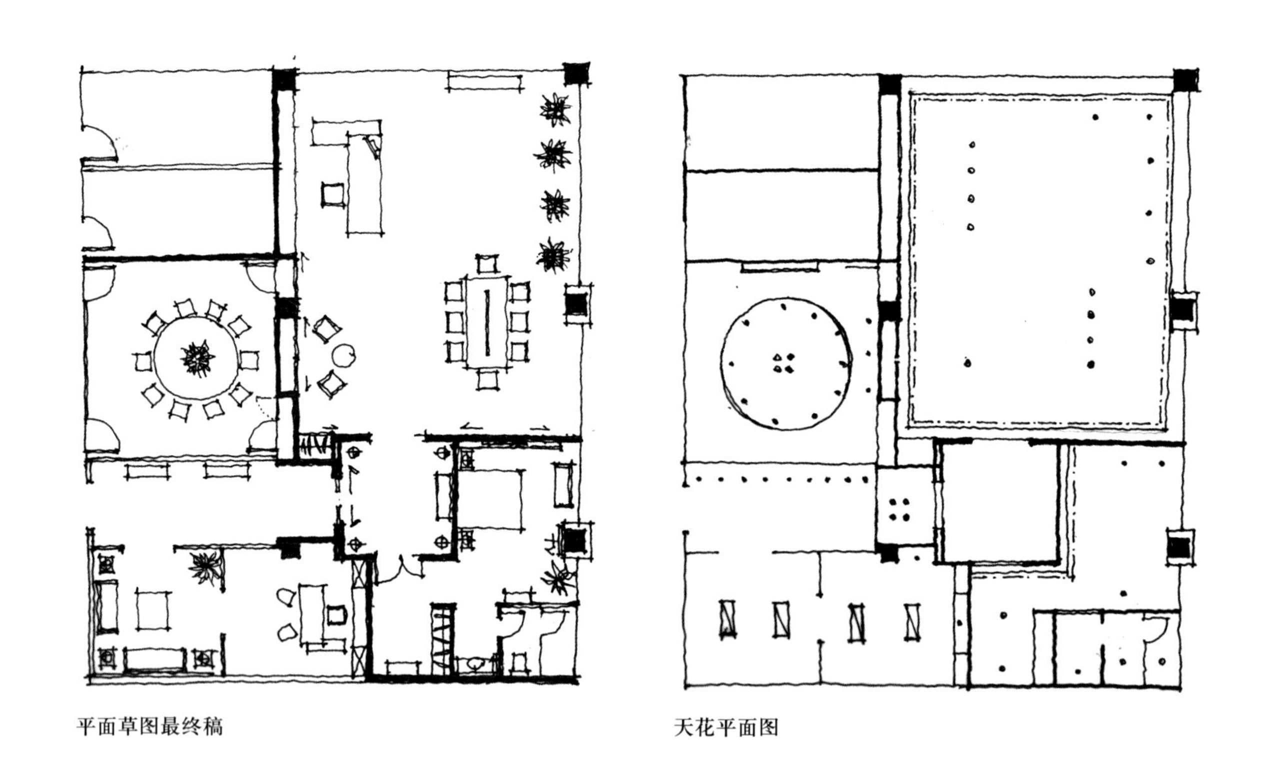

平面草图最终稿

天花平面图

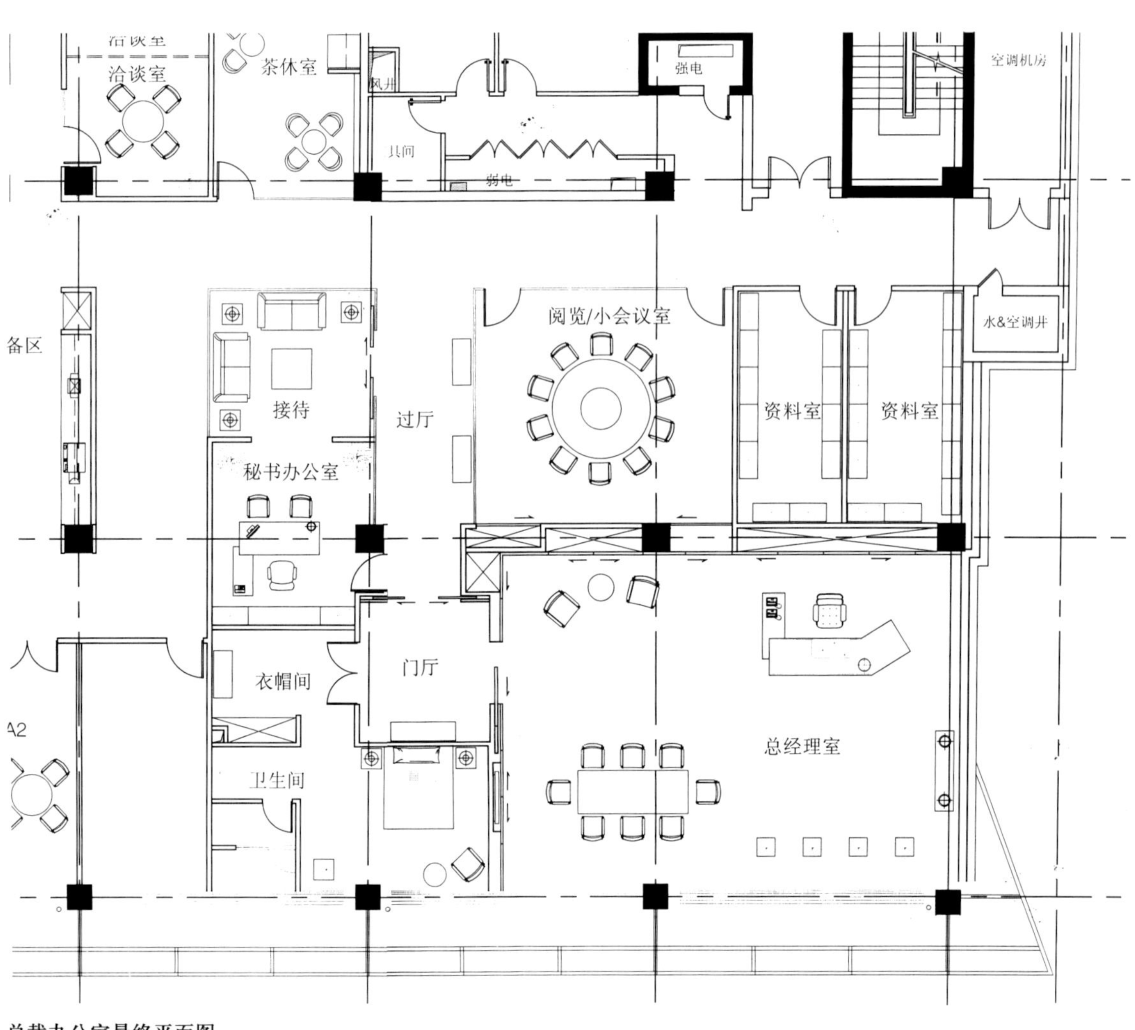

总裁办公室最终平面图

办公室效果草图一

办公室效果草图二

4.1.3　办公楼室内装修设计三

（1）项目名称：某公司办事处

（2）设计方案说明：楼层高度 3300mm，功能合理实用，设计风格自定

（3）设计要求：两个开放办公区有不同的功能，尽量分开管理，2 小时完成

（4）设计成果要求

① 1 ： 100 平面图

②效果草图

③设计说明

装修基本要求　　　　**表4–4**

序号	内部功能	面积m^2	人员人数	设施要求	装修要求
1	会议室	40	8～10	语音同译系统、电子白板、桌面麦克	
2	财务室	20	2		
3	接待区				
4	洽谈区				
5	更衣室			男女各一	
6	开放办公区1		6		
7	开放办公区2		14		
8	董事长办公室	15	1		
9	总裁办公室	12	1		
10	副总经理办公室	9	1	两间	
11	咖啡阅览区				

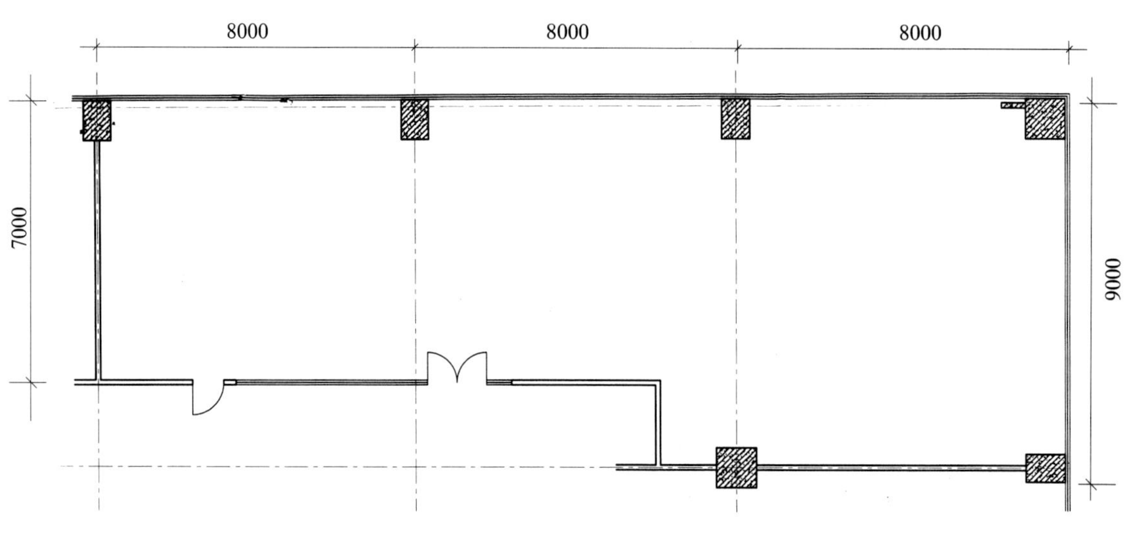

设计条件平面图

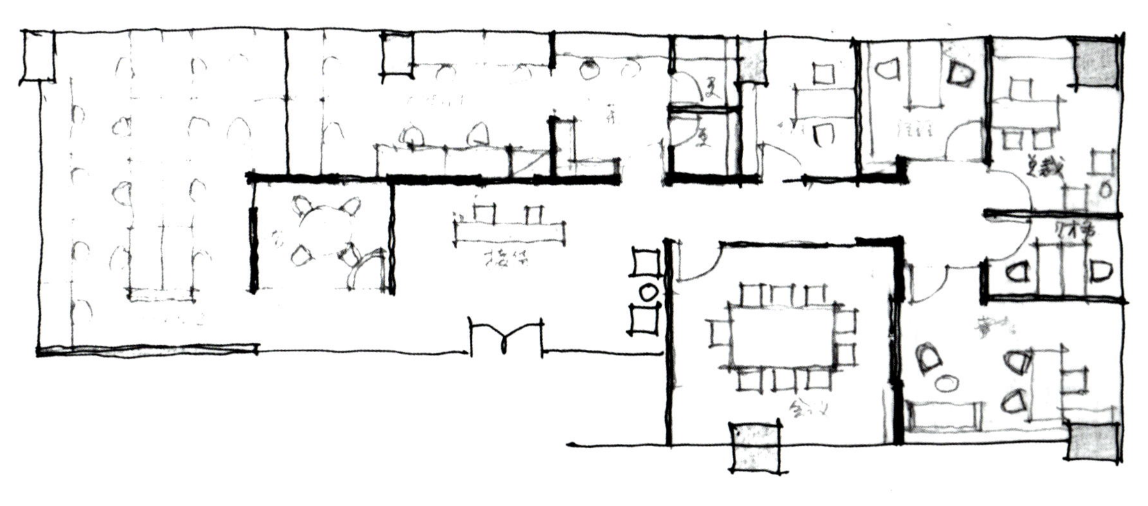

方案一

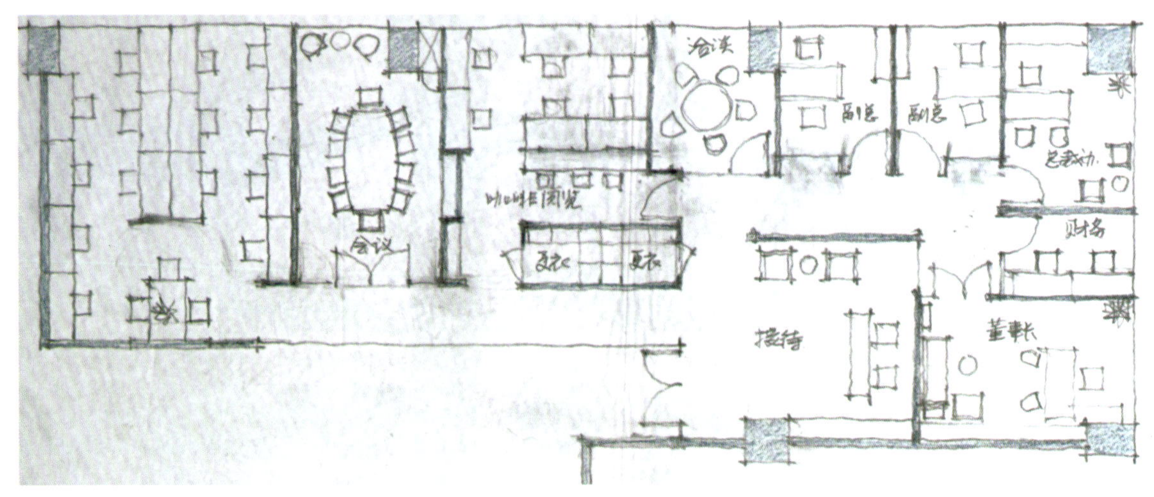

方案二

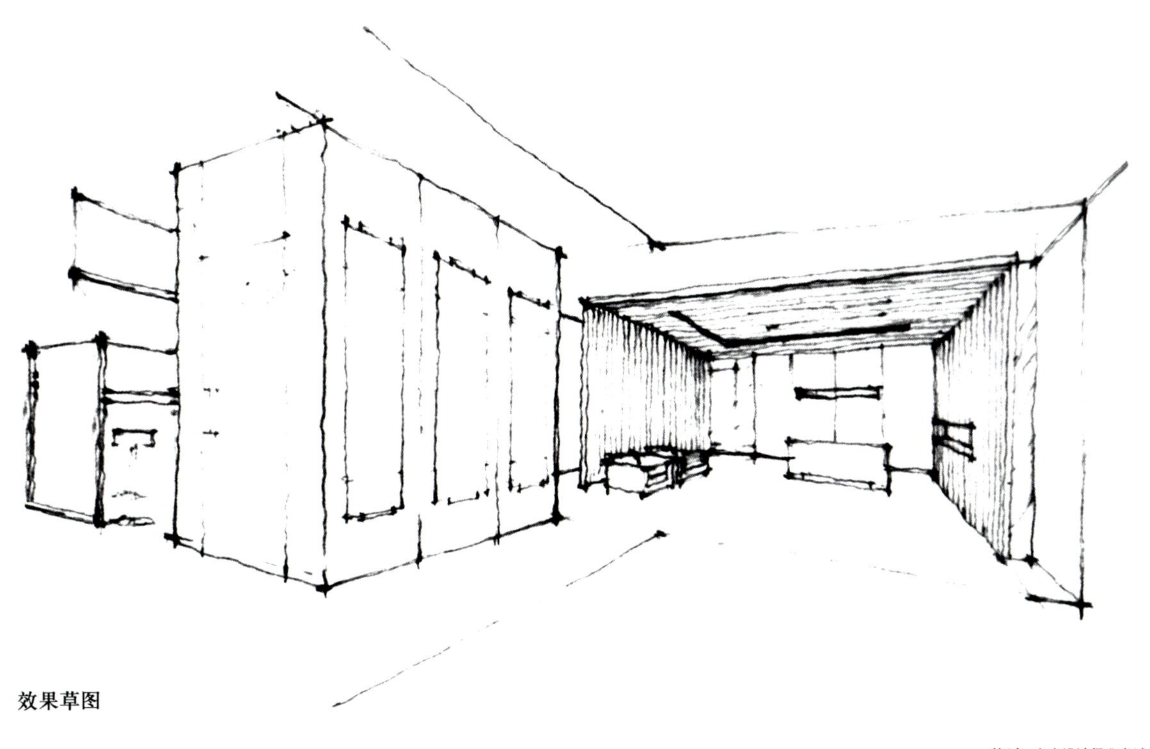
效果草图

4.1.4 办公楼室内装修设计四

（1）项目名称：某公司办公楼

（2）设计方案说明：建筑面积 1900m²，楼层高度：首层 4200mm，二层 3600mm

（3）设计要求：简洁、明快、朴素、大方，8 小时完成

（4）设计成果要求

① 1 ： 100 平面图

②效果图；接待厅、开放办公、多功能厅及其他空间任选

③ 设计说明

装修基本要求 **表4-5**

楼层	序号	内部功能	面积m²	人员人数	设施要求
二层	1	接待区			
	2	等候区			
	3	多功能厅	135		
	4	洽谈室	10		8个
	5	展示区	80		
	6	更衣室			男女各一间
	7	员工区		40	1500mm×1500mm的工位
	8	经理室	15	1	4个
	9	副经理	10	1	4个
	10	总裁室	25		
	11	秘书室	15		
	12	清洁室（开水间）	15		上下水、地漏
	13	大会议室	30	10	
	14	厕所			
	15	茶水间	20		1个（可开放式）
三层	1	财务处	50	7	
	2	经理室	15	1	12间
	3	总裁室	25		
	4	秘书室	15		
	5	员工区		65	1500mm×1500mm的工位其中包含5个主管
	6	清洁室（开水间）	15		上下水、地漏
	7	设计室	50	5	
	8	档案室	15		
	9	会议室	60		
	10	厕所	40		
	11	清洁室（开水间）	15		上下水、地漏
	12	茶水间	25		1个（可开放式）

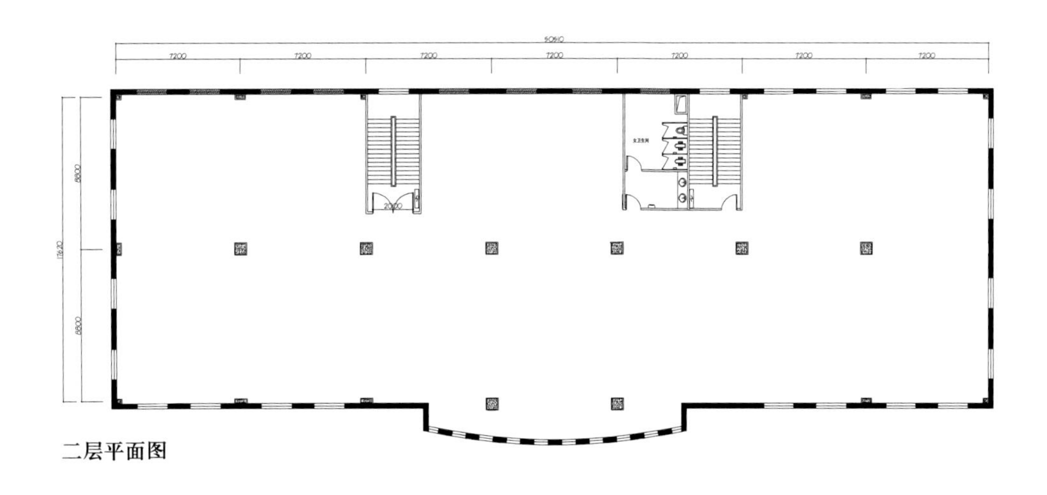

二层平面图

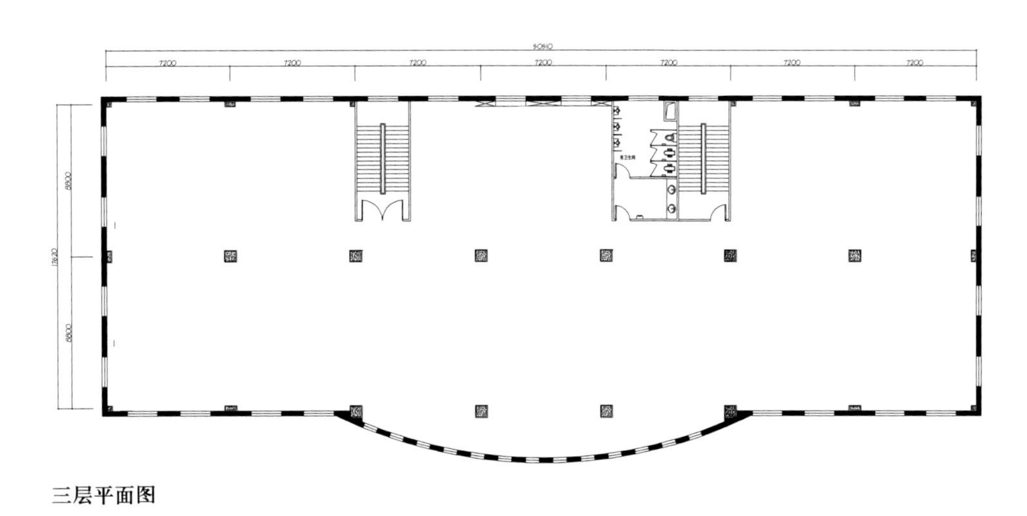

三层平面图

4.1.5 办公楼室内装修设计五

（1）项目名称：某公司办事处

（2）设计方案说明：楼层高度 3300mm，功能合理实用，设计风格自定

（3）设计要求： 4 小时完成

（4）设计成果要求

① 1 ： 100 平面图

②效果草图　接待区

董事长办公室

及其他空间任选

③设计说明

装修基本要求　　　　**表4–6**

序号	内部功能	面积m^2	人员人数	设施要求	装修要求
1	会议室	30	16	语音同译系统、电子白板、桌面麦克	
2	展示区				
3	接待区				
4	洽谈室	12	6	两间	
5	更衣室				
6	档案室	10			
7	开放办公区		24		1500mm × 1500mm的工位
8	董事长办公室	40	1		
9	副经理办公室	20	1	3间	
10	咖啡阅览区	15			

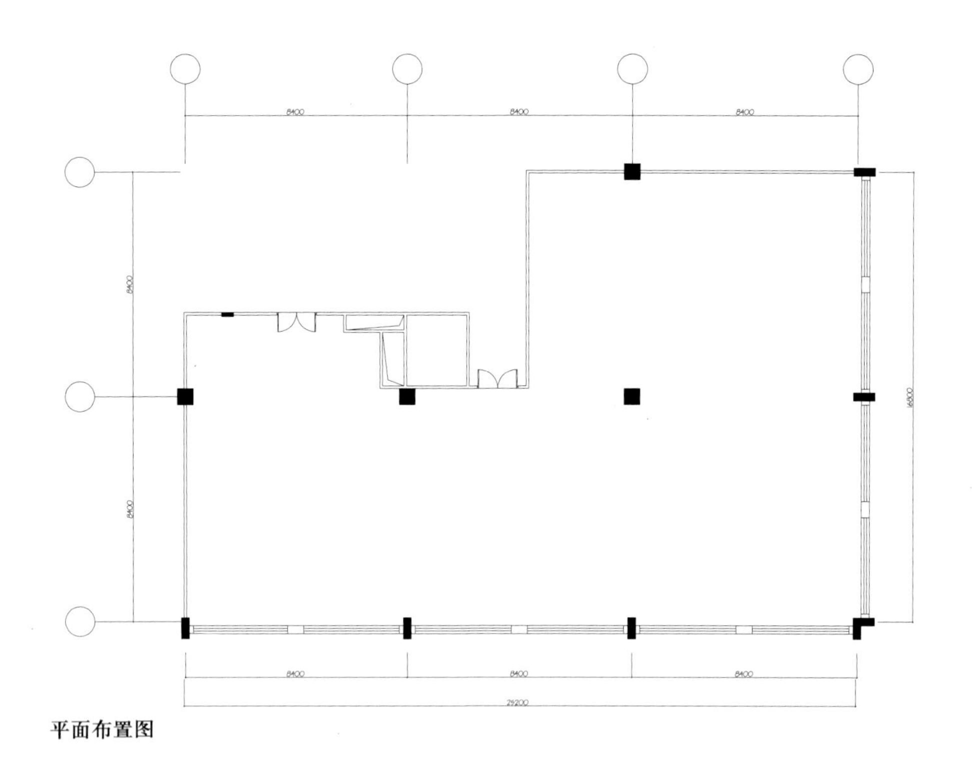

平面布置图

4.1.6 办公楼室内装修设计六

（1）项目名称：某公司办事处

（2）设计方案说明：建筑面积 150m²，楼层高度 3300mm，功能合理实用，设计风格自定

（3）设计要求：2 小时完成

（4）设计成果要求

① 1 ： 100 平面图

②效果草图：接待区、开放办公区

③设计说明

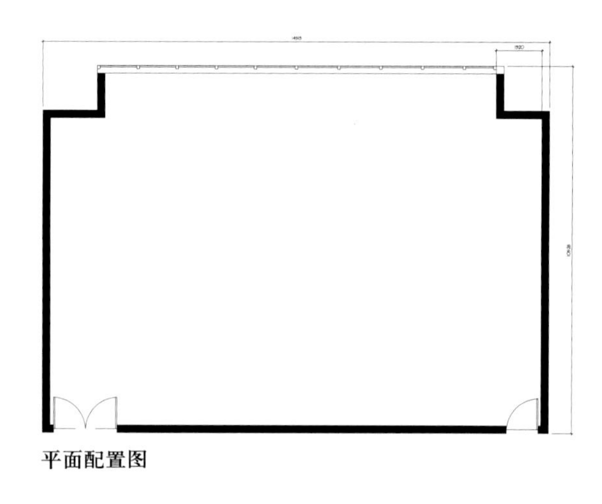
平面配置图

装修基本要求　　表4–7

序号	内部功能	面积m²	人员人数	设施要求	装修要求
1	会议室	12	8	语音同译系统、电子白板、桌面麦克	
2					
3	接待区				
4	洽谈室				
5	档案室	10			
6	开放办公区		8		1500mm×1500mm的工位 其中包含2个主管
7	经理办公室	15	1		
8	副经理办公室	10	1	2间	
9	茶水间	6			

4.1.7 办公楼室内装修设计七

（1）项目名称：某公司办事处

（2）设计方案说明：楼层高度3300mm，功能合理实用，设计风格自定

（3）设计要求： 4小时完成

（4）设计成果要求

①1 ：100平面图

②效果草图：接待区、开放办公区及其他空间任选

③设计说明

装修基本要求　　表4-8

序号	内部功能	面积m^2	人员人数	设施要求	装修要求
1	会议室	20	10	语音同译系统、电子白板、桌面麦克	
2	财务处	10	1		
3	接待区				
4	洽谈室	6	4		
5	更衣室	4			
6	档案室	10			
7	开放办公区		12		1500mm×1500mm的工位
8	研发室	18			
9	经理办公室	12	1		
10	茶水间	5			

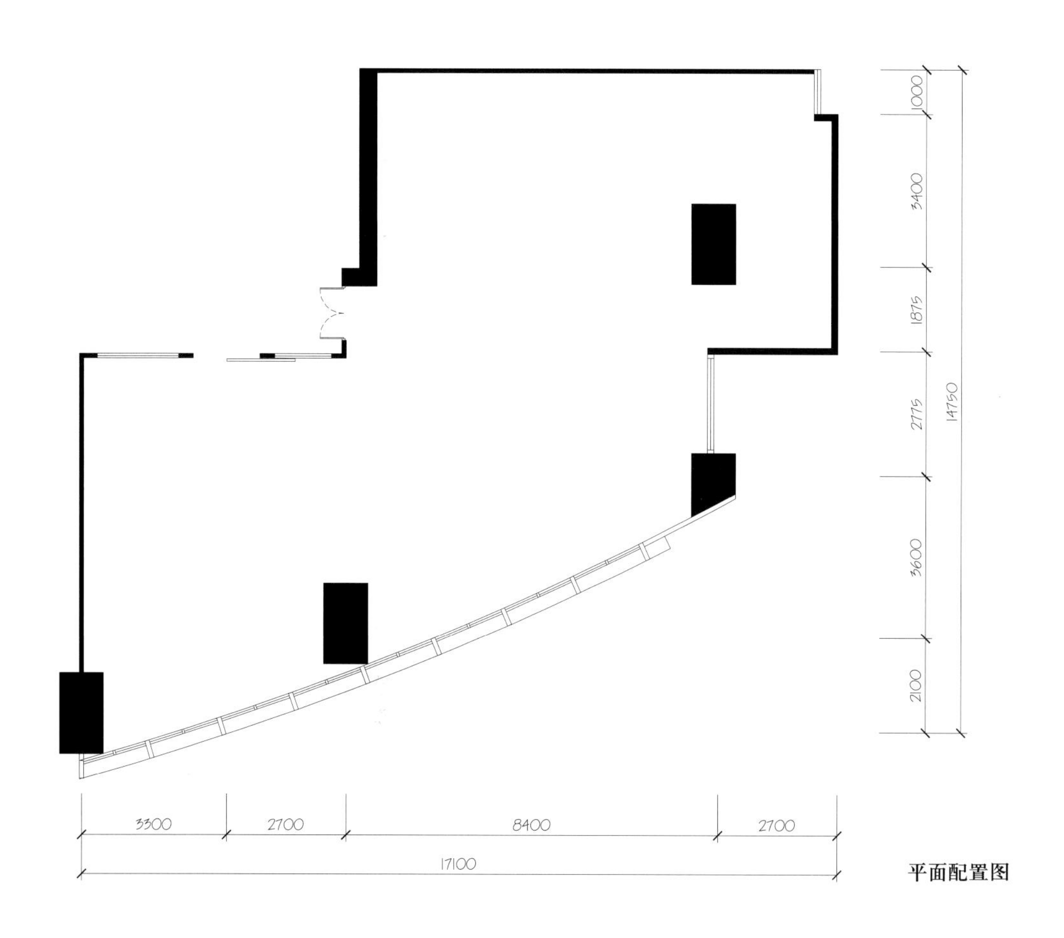

平面配置图

4.2 会所室内装修设计

4.2.1 某公司高层会所

（1）项目名称：某公司高层会所

（2）设计方案说明：由独栋别墅改建，为公司高管及客户提供的小型会所，建筑面积1200m²，地下1层，地上3层，楼层高度3300mm，顶层为坡顶，高度5400mm，功能合理实用，设计风格自定

（3）设计要求：具有不同的娱乐功能，避免相互干扰，体现公司的实力，稳重、自然，8小时完成

（4）设计成果要求

①1 ：100平面图

②效果草图

③设计说明

解答

读者在本设计中应注意的是设计者对建筑平面做了较大胆的调整，这要依托于对建筑结构的了解，通过对建筑的改造，形成了原来没有的独特的空间，使上下空间通透、流畅，也更为情趣。

装修基本要求 **表4–9**

楼层	序号	内部功能	面积m²	人员人数	设施要求
地下一层	1	用人房		4	三间
	2	乒乓球室	20		
	3	儿童活动区	50		
	4	更衣室			男女各一
	5	机房			
	6	淋浴间		1	
	7	卫生间			
	8	桑拿房	6		
首层	1	接待厅			
	2	谈话区	30		
	3	多功能厅		12	
	4	酒吧			
	5	厨房			
	6	卫生间	12	1	男女各一
二层	1	多功能会议室	40		
	2	影视厅	25		
	3	棋牌室			
	4	k歌房			
	5	客房			
	6	卫生间			男女各一
三层	1	客房			三间
	2	起居室			
	3	自助厨房			

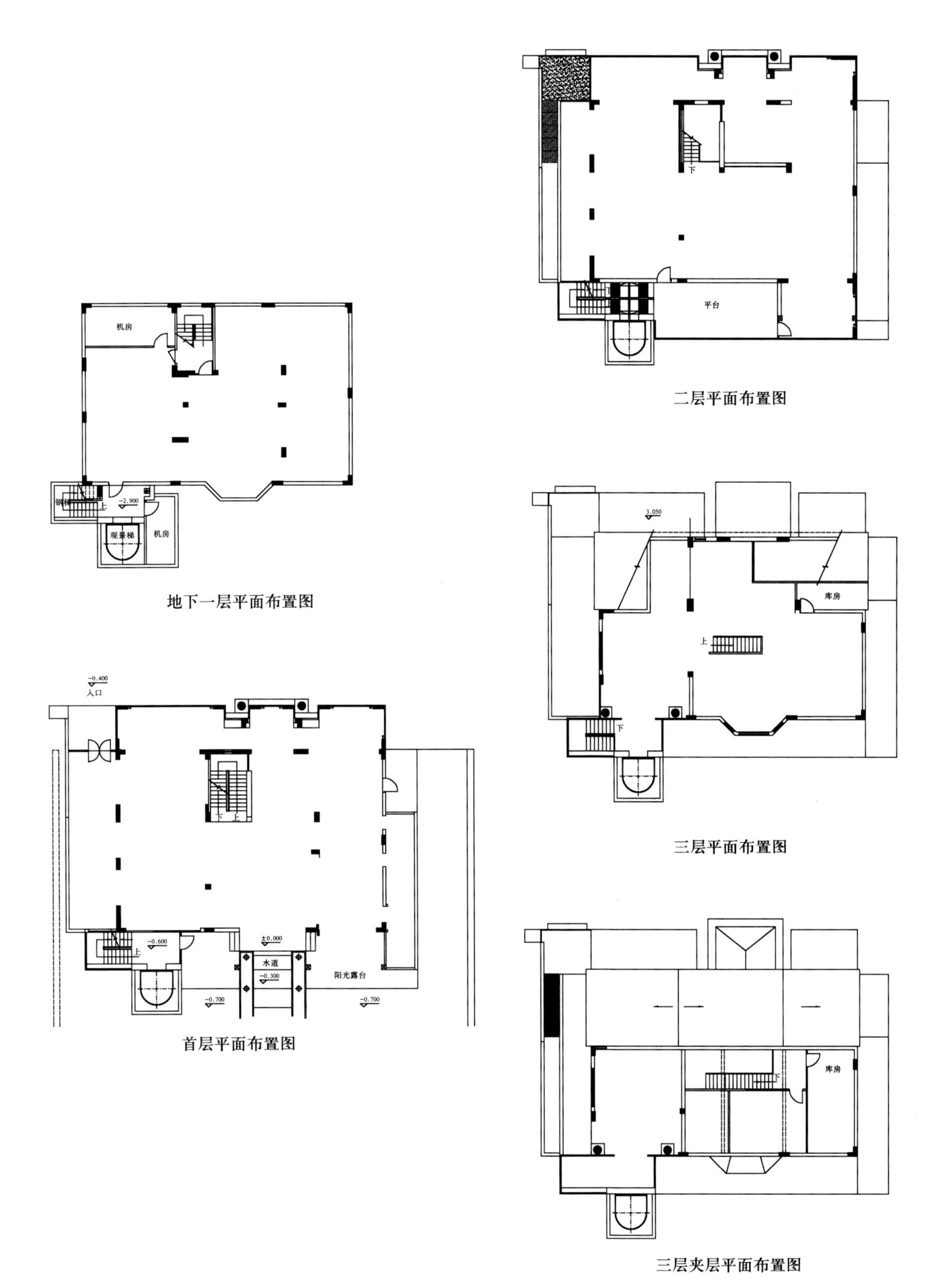

二层平面布置图

地下一层平面布置图

三层平面布置图

首层平面布置图

三层夹层平面布置图

入口效果图

酒廊效果图

会客及餐厅效果图

接待区效果图

室内庭院草图

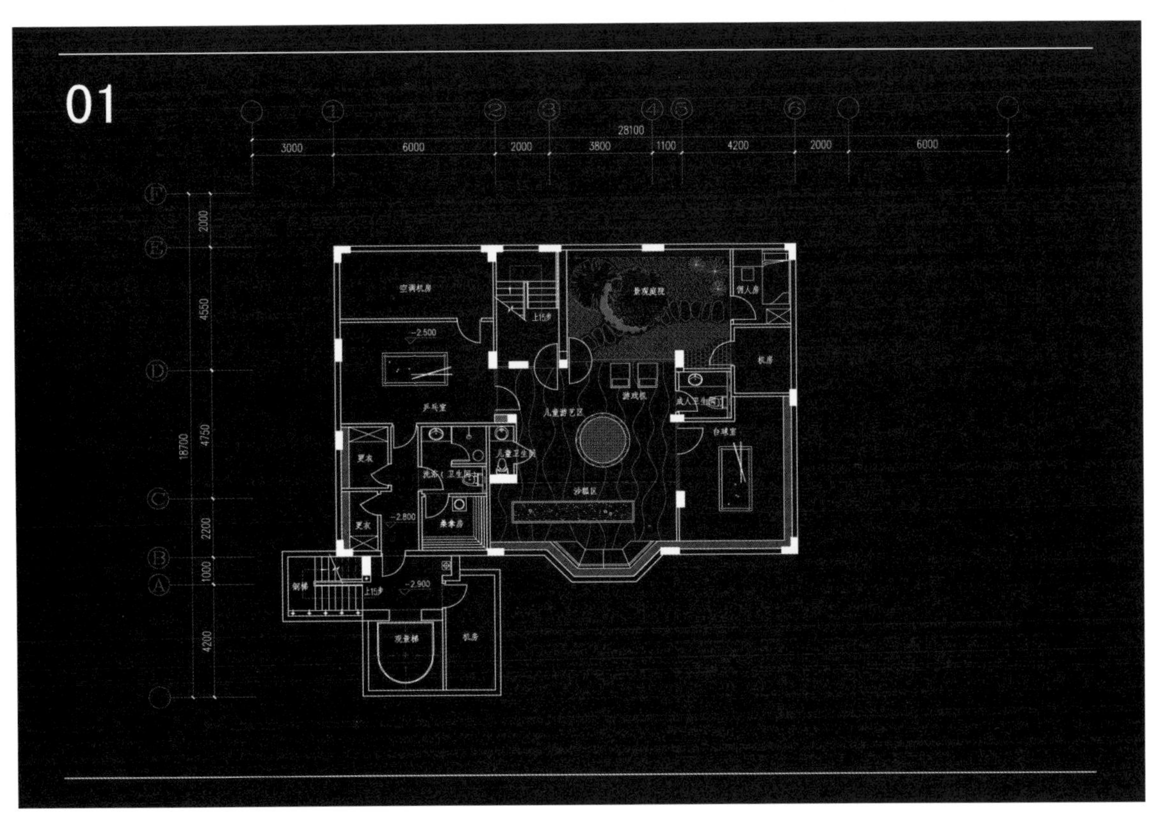

地下一层平面布置图

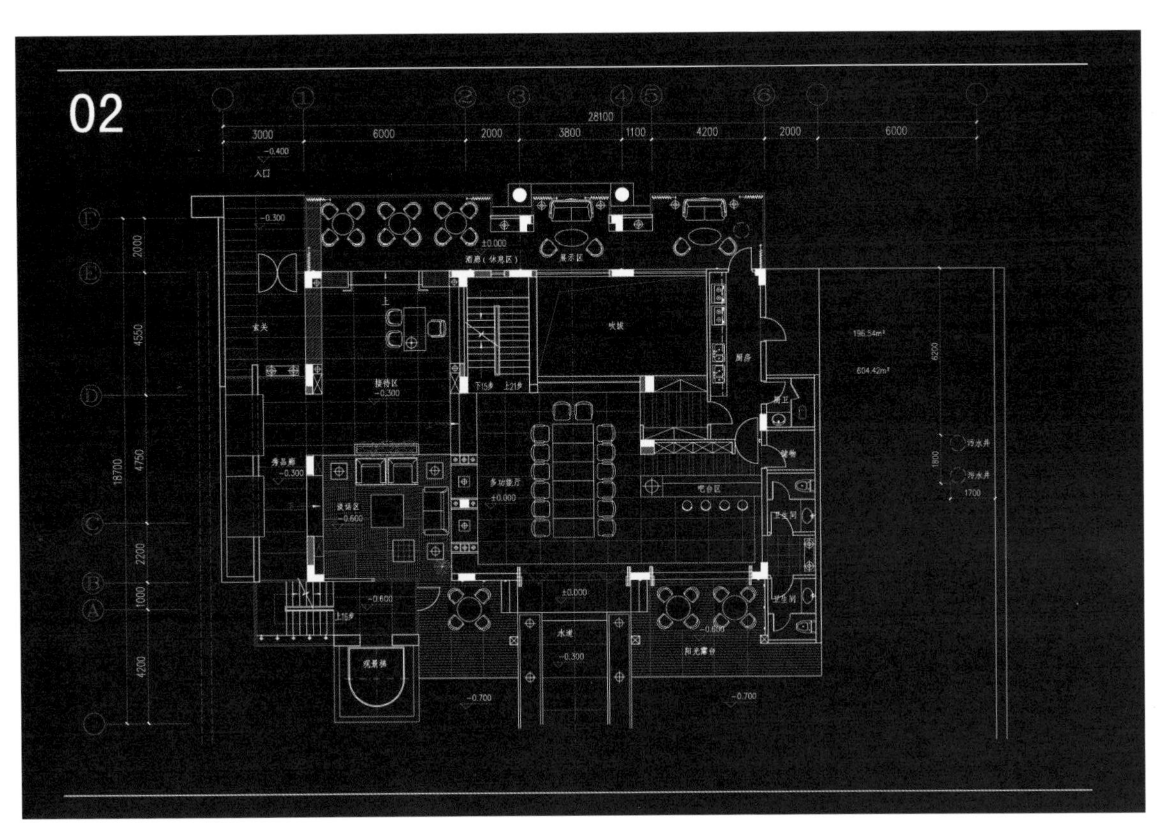

一层平面布置图

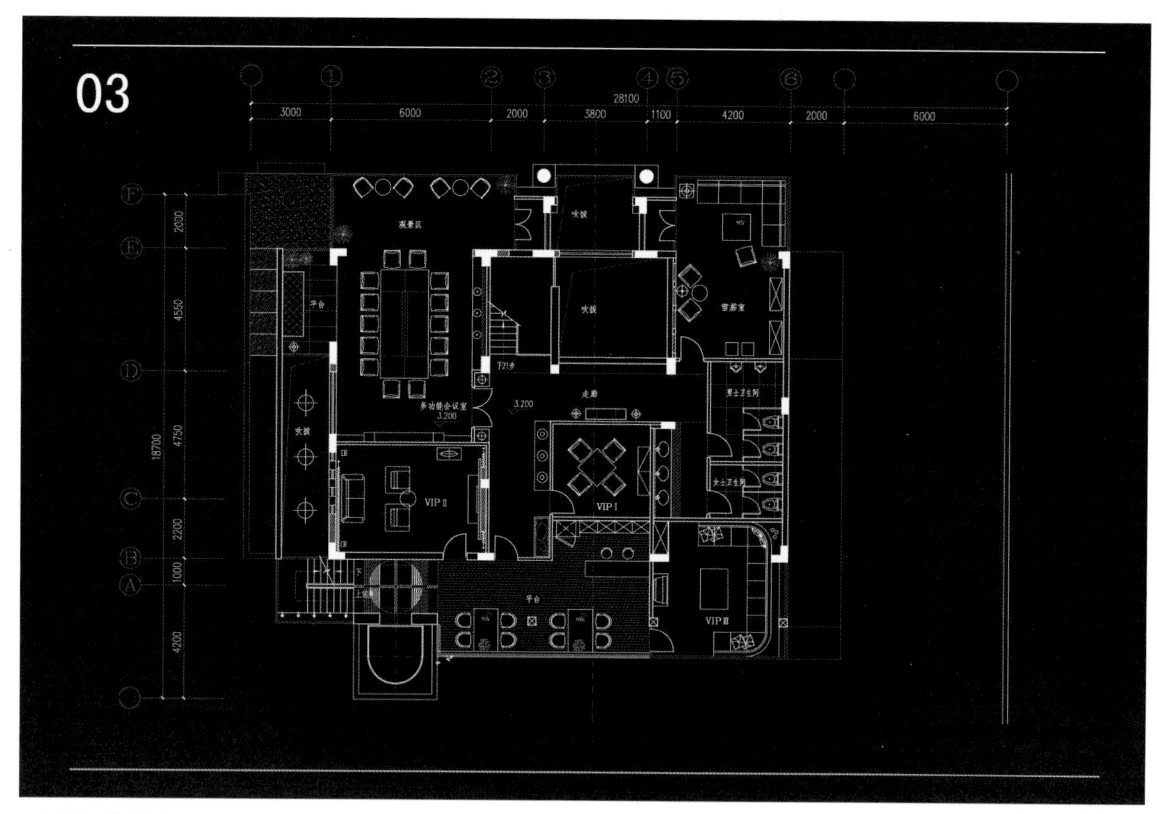

二层平面布置图

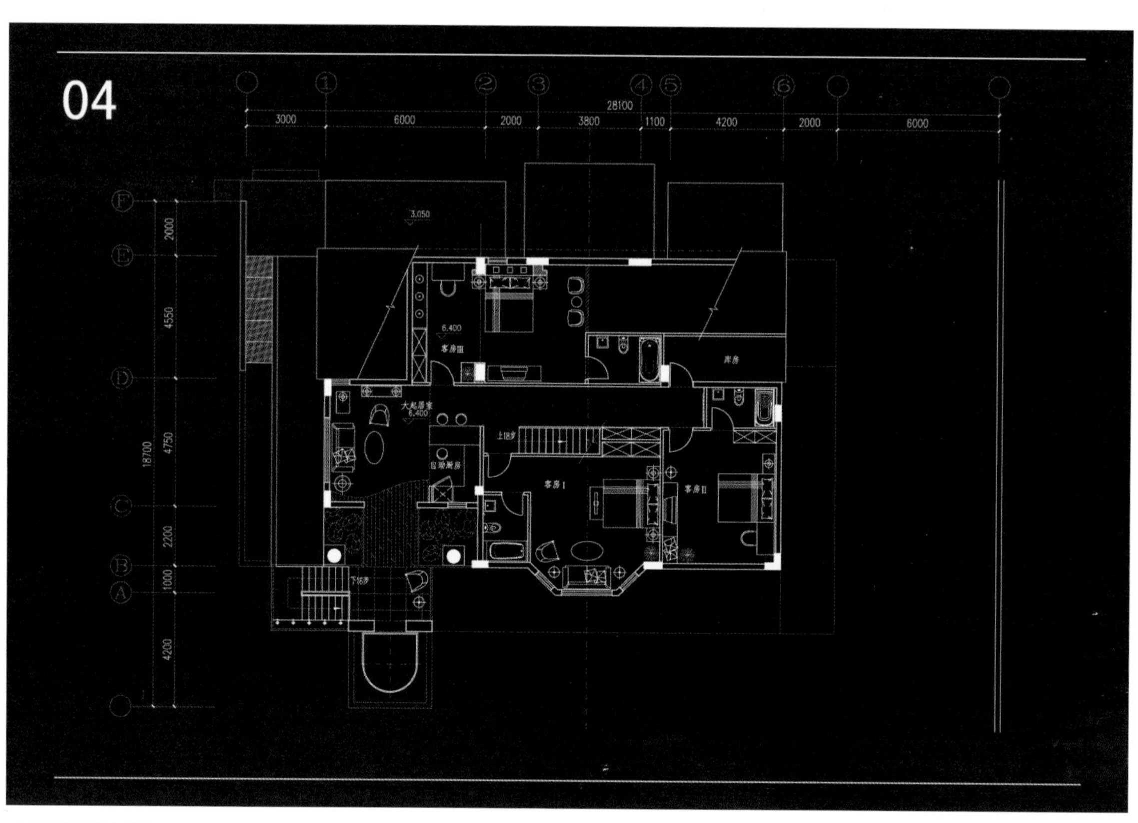

三层平面布置图

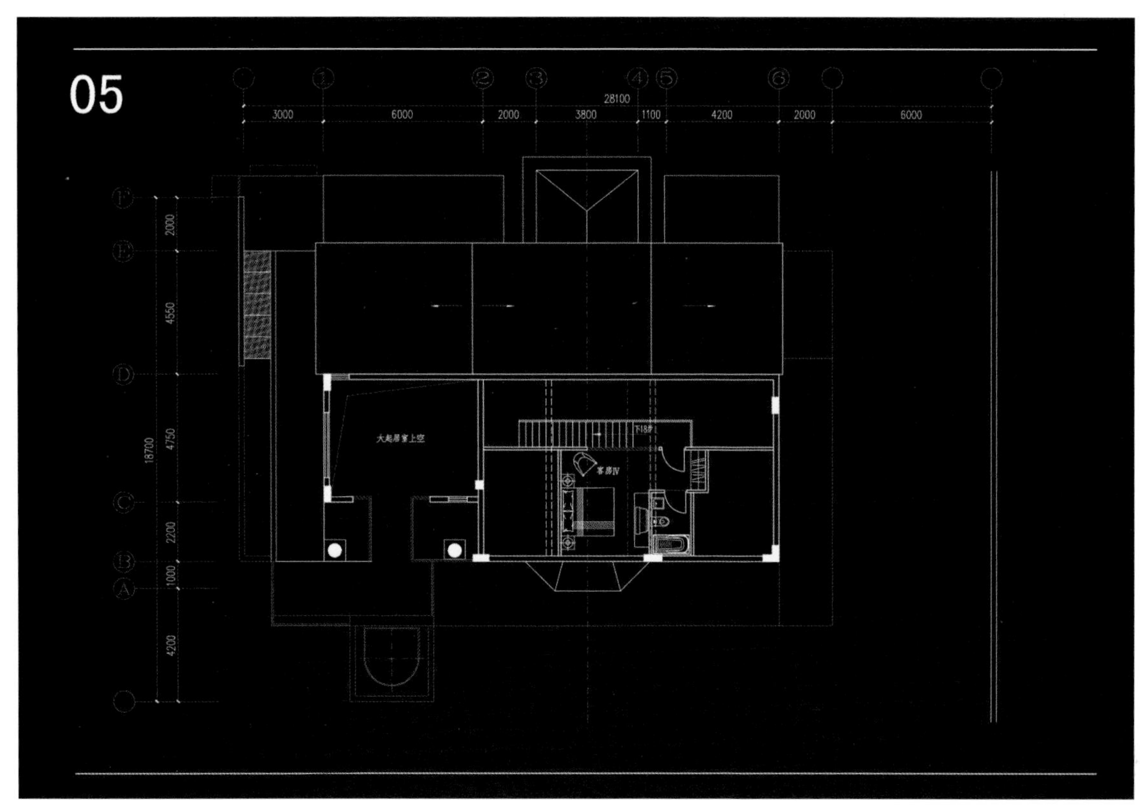

三层夹层平面布置图

4.2.2 高尔夫会所室内装修设计

（1）项目名称：某高尔夫会所室内设计

（2）设计方案说明：此项目位于某大厦地下层，须注重空间的通透，楼层高度4500mm

（3）设计要求：轻松，舒适，功能合理齐全，注重动线的设计，8 小时完成

（4）设计成果要求

① 1 ：100 平面图

②效果图，店内任意角度，不少于两张

③设计说明

本设计是在一个带形空间中进行的，按照动线进行功能的排列是最佳的选择。设计中巧妙地利用两层的挑空区作为果岭的练习场，同时也把自然的气息融入了室内。

装修基本要求 **表4—10**

序号	内部功能	面积m^2	人员人数	设施要求	装修要求
1	接待厅		4	三间	
2	会员藏品展示区	20			
3	运动商品销售区	50			
4	更衣室			男女各一	
5	淋浴间			男女各一	
6	卫生间			男女各一	
7	机房				
8	加工室	30			
9	库房	20			
10	高球教室	40		3个	
11	VIP高球教室	50			
12	高球打位	20		4个 2400mm × 8000mm	
13	模拟练习场	30			
14	推杆练习场（果岭）	80			
15	沙坑	30			
16	酒吧				
17	厨房	100			
18	咖啡厅	150			

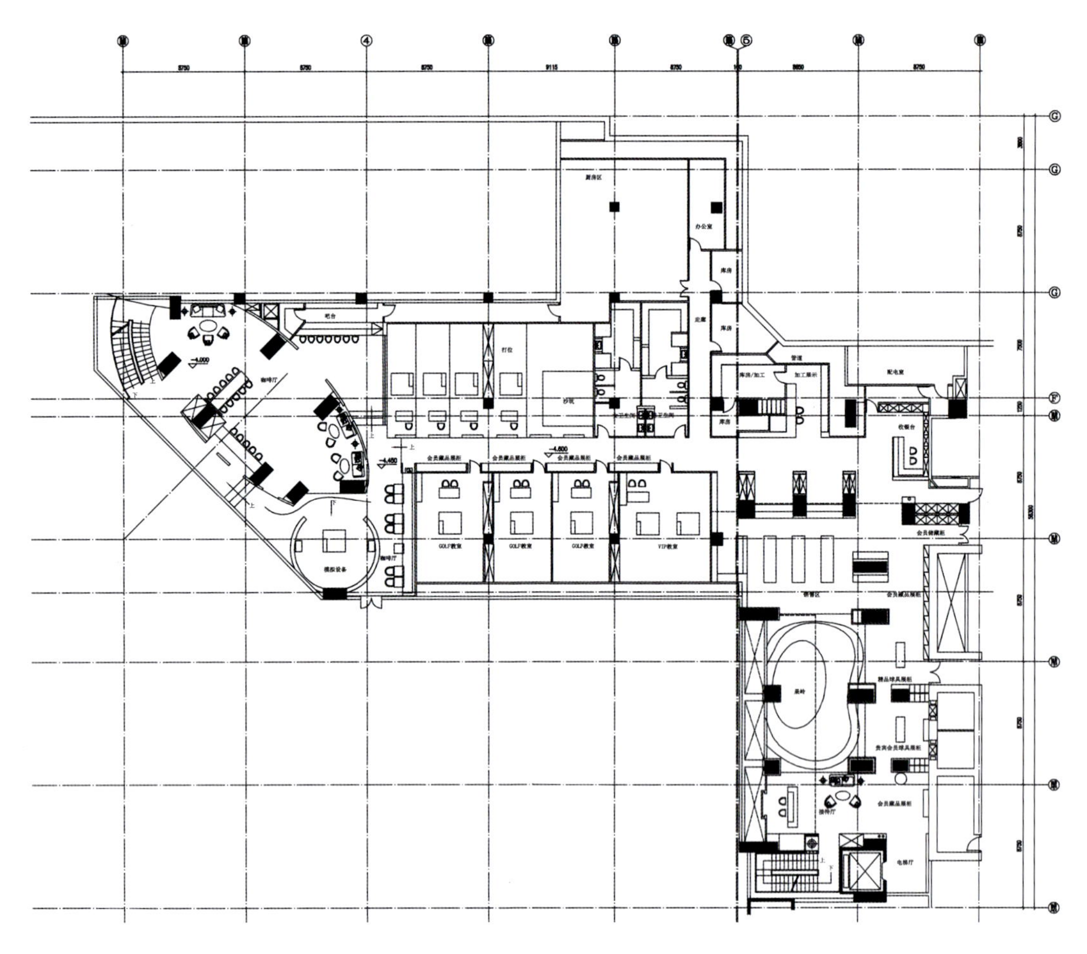

平面图

会所室内表现图

会所室内表现图

会所室内表现图

会所室内表现图

4.2.3 休闲会所室内装修设计

(1) 项目名称：某休闲会所

(2) 设计方案说明：大型会所，建筑面积 $2200m^2$，2 层，楼层高度 4500mm，功能合理实用，设计风格自定

(3) 设计要求：具有不同的娱乐功能，避免相互干扰，体现公司的实力，稳重，自然，8 小时完成

(4) 设计成果要求

① 1 ∶ 100 平面图

②效果草图

③设计说明

装修基本要求 **表4–11**

楼层	序号	内部功能	面积m^2	人员人数	设施要求
首层	1	接待厅			
	2	休息区			
	3	更衣室			
	4	酒吧	60		
	5	办公室			
	6	卫生间			
二层	1	咖啡厅	60		
	2	健身房	100		
	3	棋牌室	60		
	4	台球室	30		
	5	形体室	60		
	6	卫生间			
	7	美容美发	60		

一层平面图

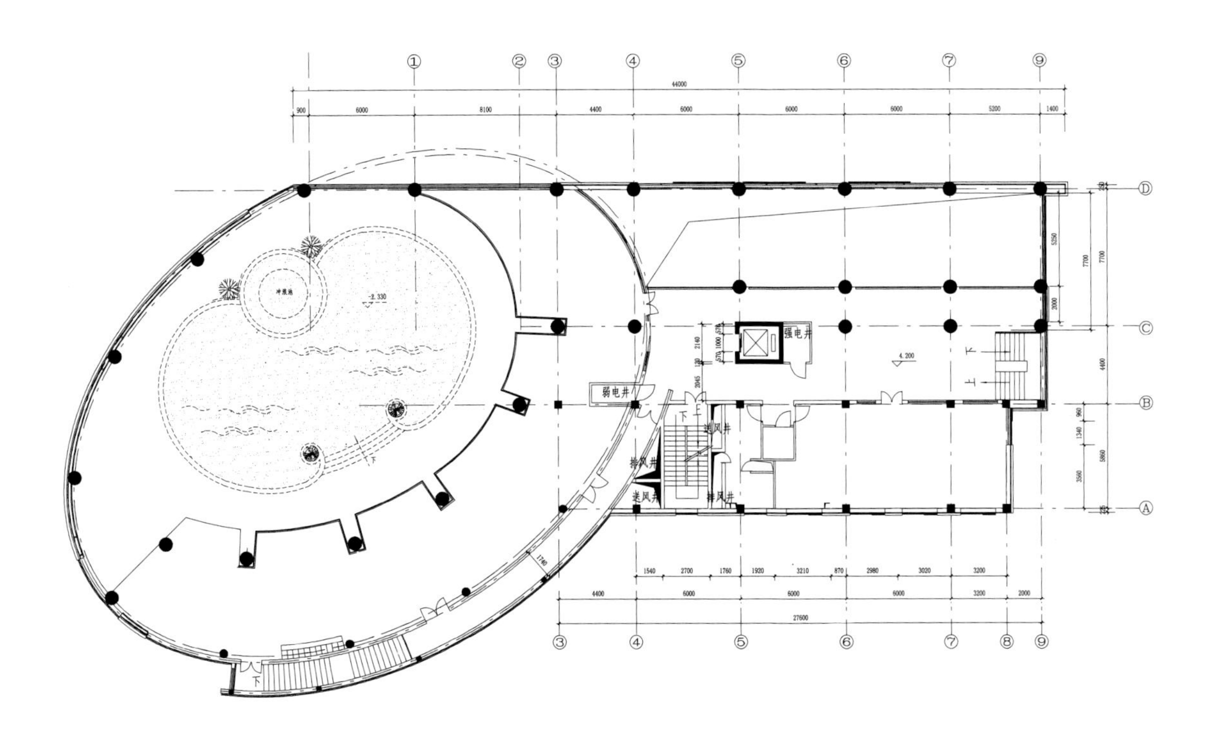

44000
900
6000
8100
4400
6000
6000
6000
5200
1400
弱电井
强电井
排风井
送风井
冲浪池
-2.330
4.200
下
1540
2700
1760
1920
3210
870
2980
3020
3200
4400
6000
6000
6000
3200
2000
27600

二层平面图

4.2.4 休闲SPA会所室内装修设计

(1) 项目名称：某休闲SPA会所

(2) 设计方案说明：大型会所，建筑面积 $2200m^2$，2层，楼层高度4500mm，功能合理实用，设计风格自定

(3) 设计要求：具有不同的娱乐功能，避免相互干扰，体现公司的实力，稳重、自然，8小时完成

(4) 设计成果要求

① 1 ∶ 100平面图

②效果草图

③设计说明

装修基本要求　　表4-12

楼层	序号	内部功能	面积(m^2)	人员人数	设施要求
二层	1	咖啡厅	600		单独对外营业
	2	酒吧	100		单独对外营业
	3	泳池	120		10米
	4	男浴池	200		含配套设施
	5	包房	10		12～15间
	6	休息区	130		
	7	女桑	60		
	8	包房	20		有卫生间,6间
	9	美容美发	60		
	10	足底按摩	40		
	11	办公室	100		

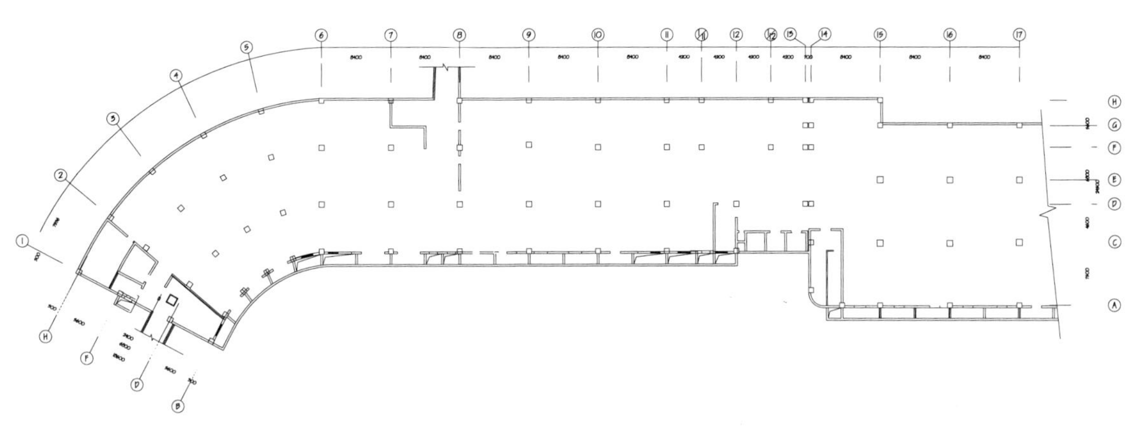

平面图

4.3 酒店套房装修设计

（1）项目名称：某酒店套房

（2）设计方案说明：楼层高度 2800mm，功能合理实用。设计风格简约、现代

（3）设计要求：依据原有平面调整完善平面功能，4 小时完成

（4）设计成果要求

① 1 ：100 平面图

②效果草图　任选两套客房

③设计说明

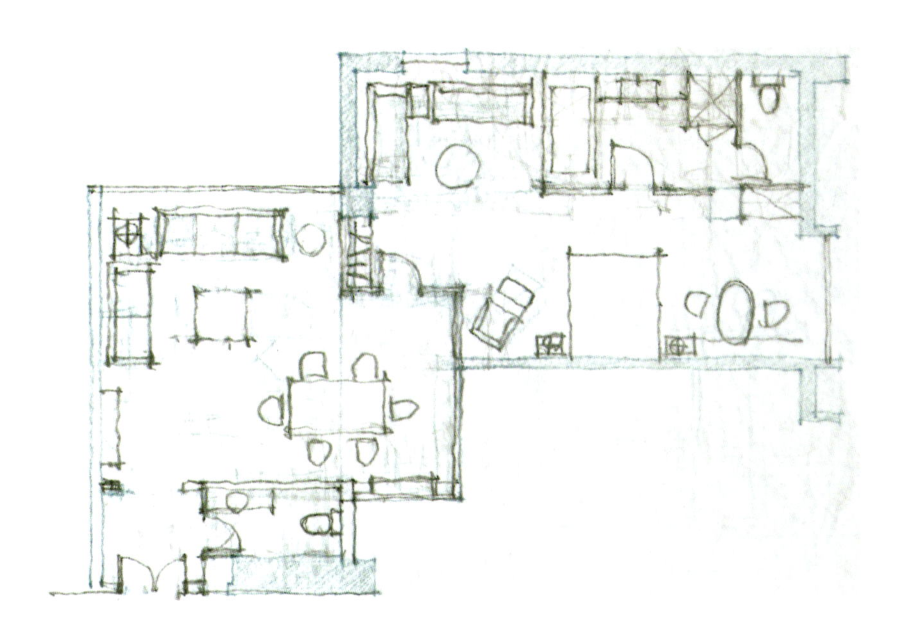

A型客房平面草图

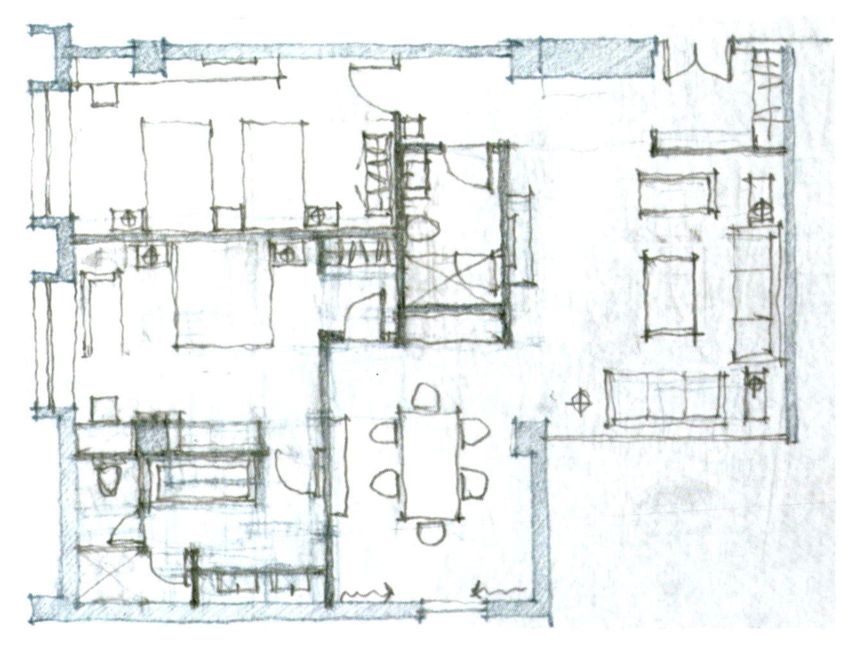

B型客房平面草图

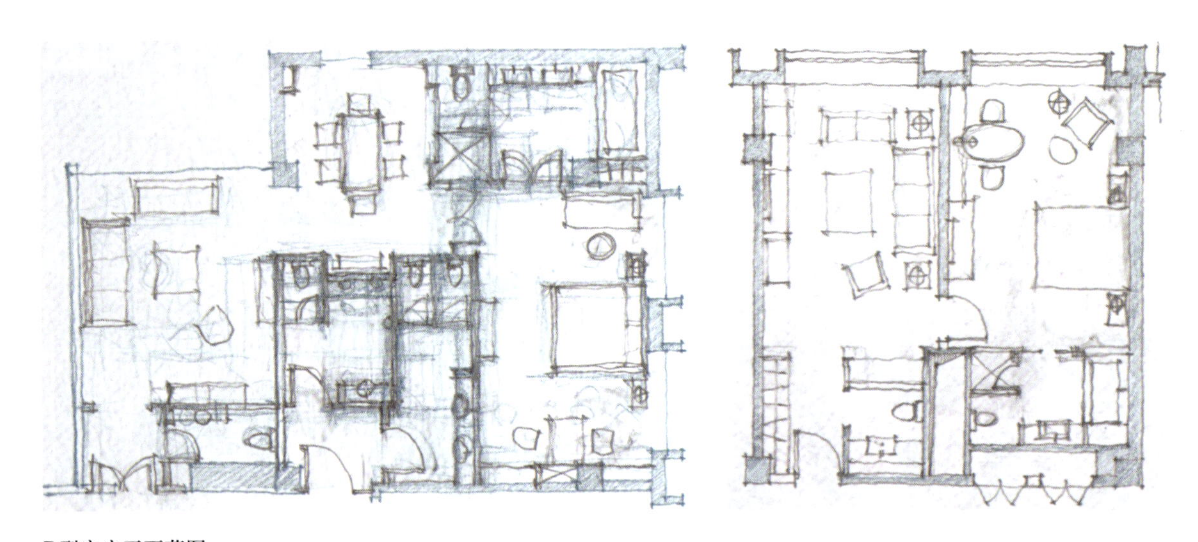

D型客房平面草图

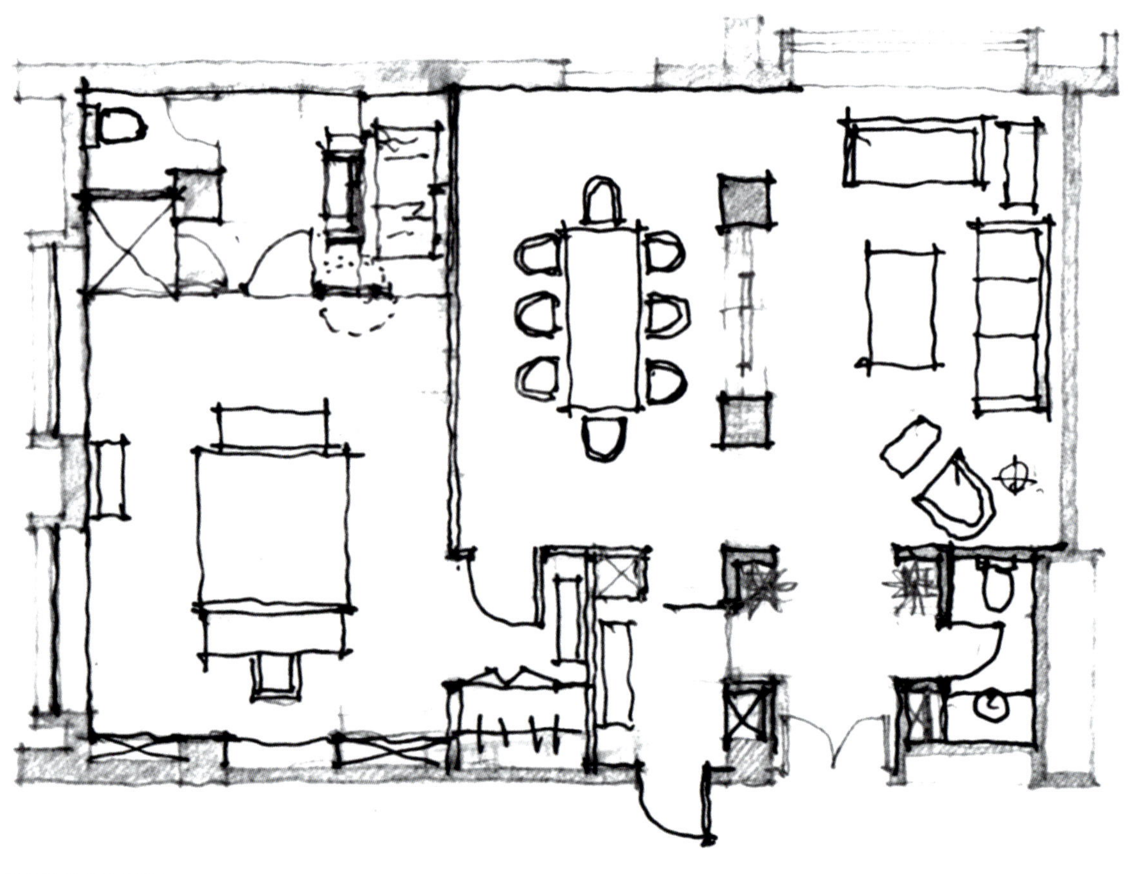

E型客房平面草图

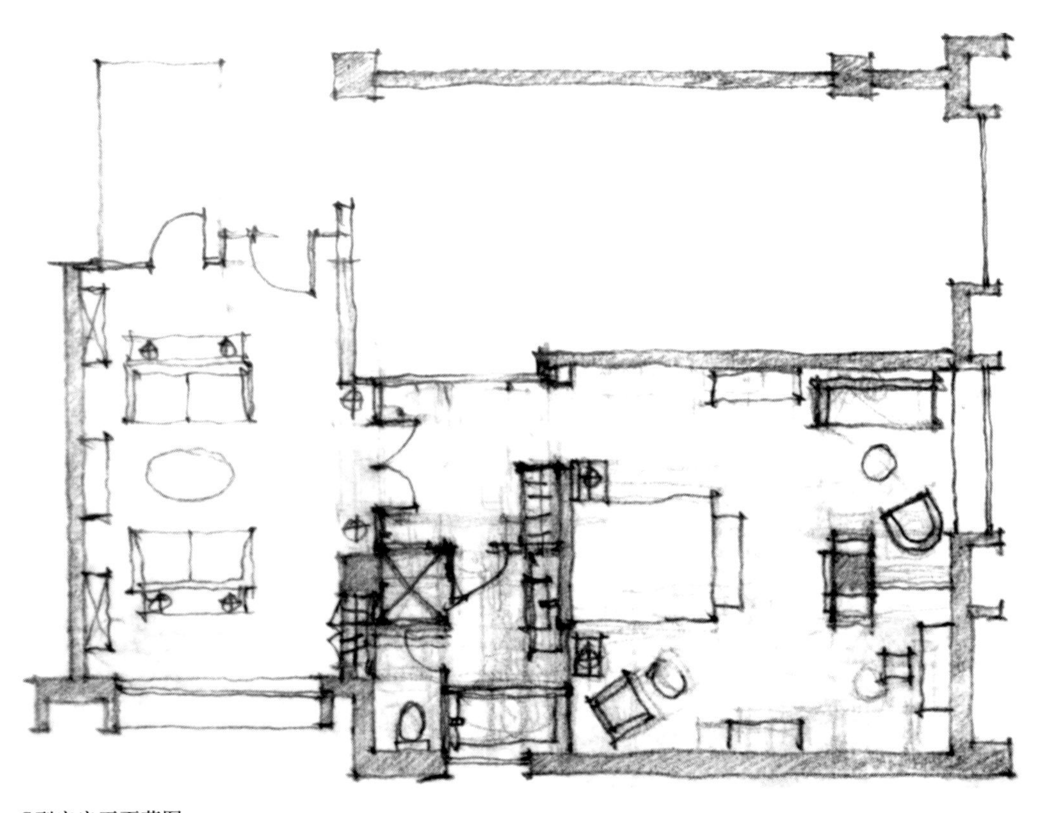

C型客房平面草图

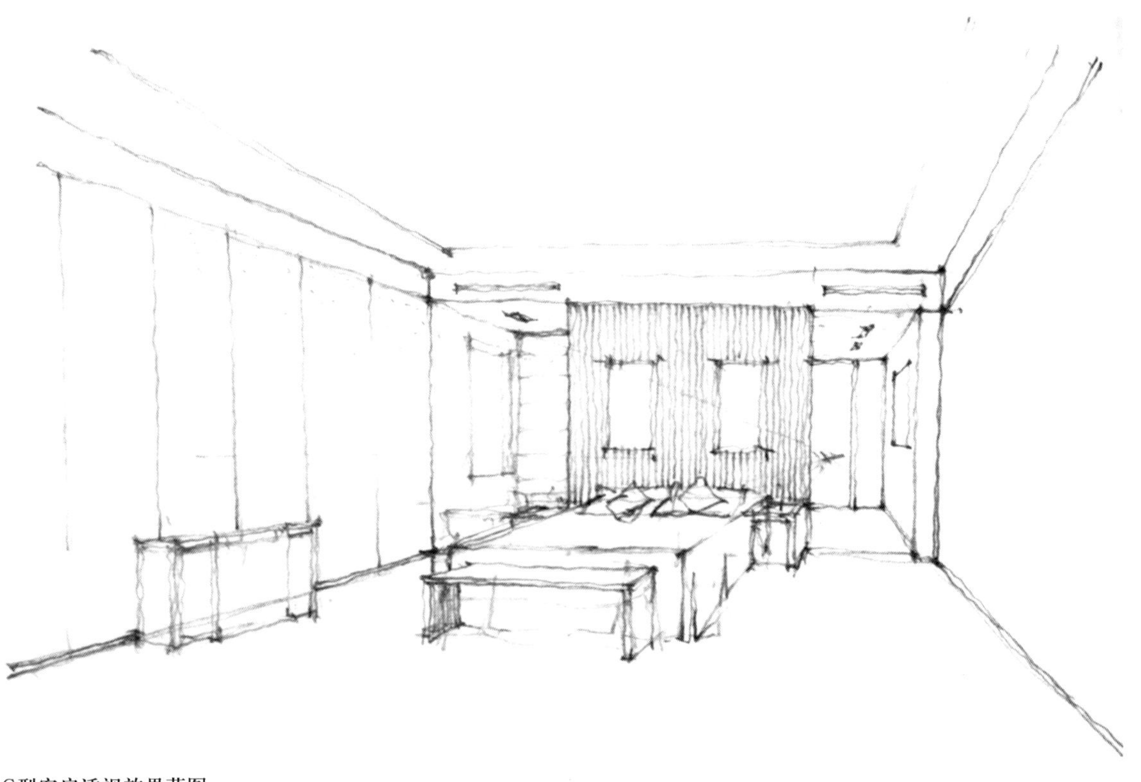

C型客房透视效果草图

4.4 商铺室内装修设计

(1) 项目名称：某女装品牌专卖店室内设计

(2) 设计方案说明：楼层高度 3600mm

(3) 设计要求：体现女性服装特色，注重动线的设计，4 小时完成

(4) 设计成果要求

① 1 ∶ 100 平面图

②效果图，店内任意角度，不少于两张

③设计说明

读者在本考题的解答中可以看到对一个空间的不同平面布置，都可以满足其功能的要求，孰优孰劣在于如何去表达个人的思路及对空间的想法。

装修基本要求 表4–13

序号	内部功能	面积m^2	人员人数	设施要求	装修要求
1	接待台			2～3个	
2	更衣间	1		2～3个	
3	休息区				
4	办公及储藏室	12			

方案 1

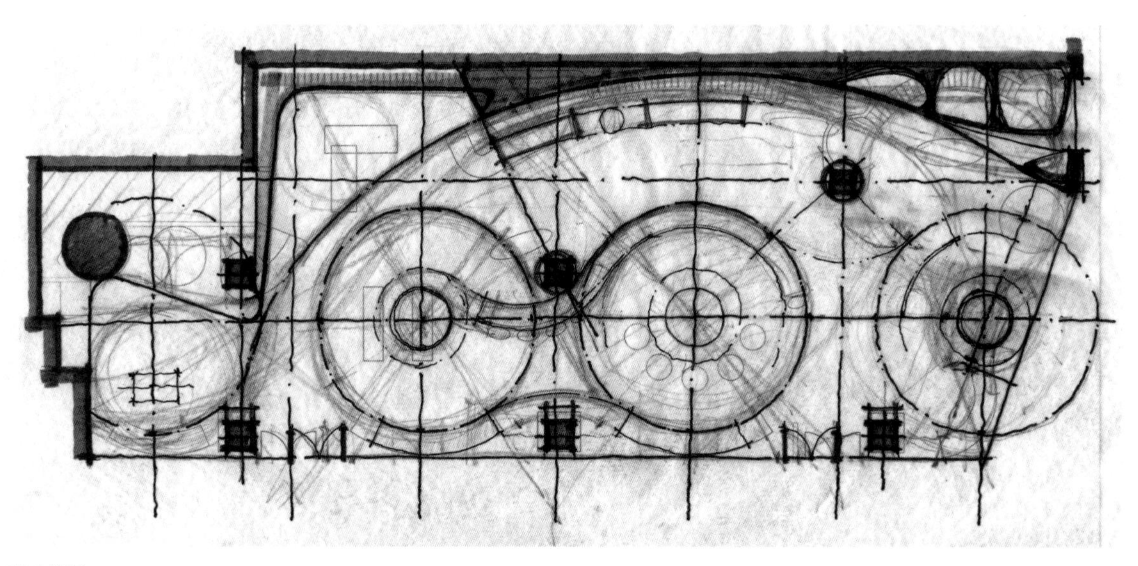

平面草图

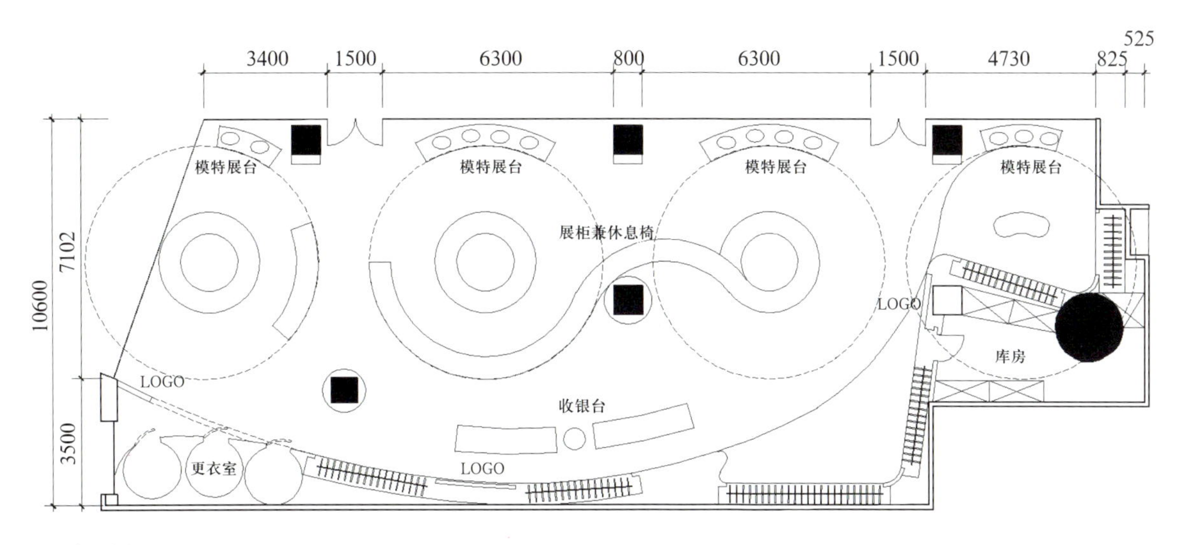
3400
1500
6300
800
6300
1500
4730
825
525
10600
7102
3500
模特展台
模特展台
模特展台
模特展台
展柜兼休息椅
LOGO
LOGO
库房
收银台
LOGO
更衣室

平面布置图

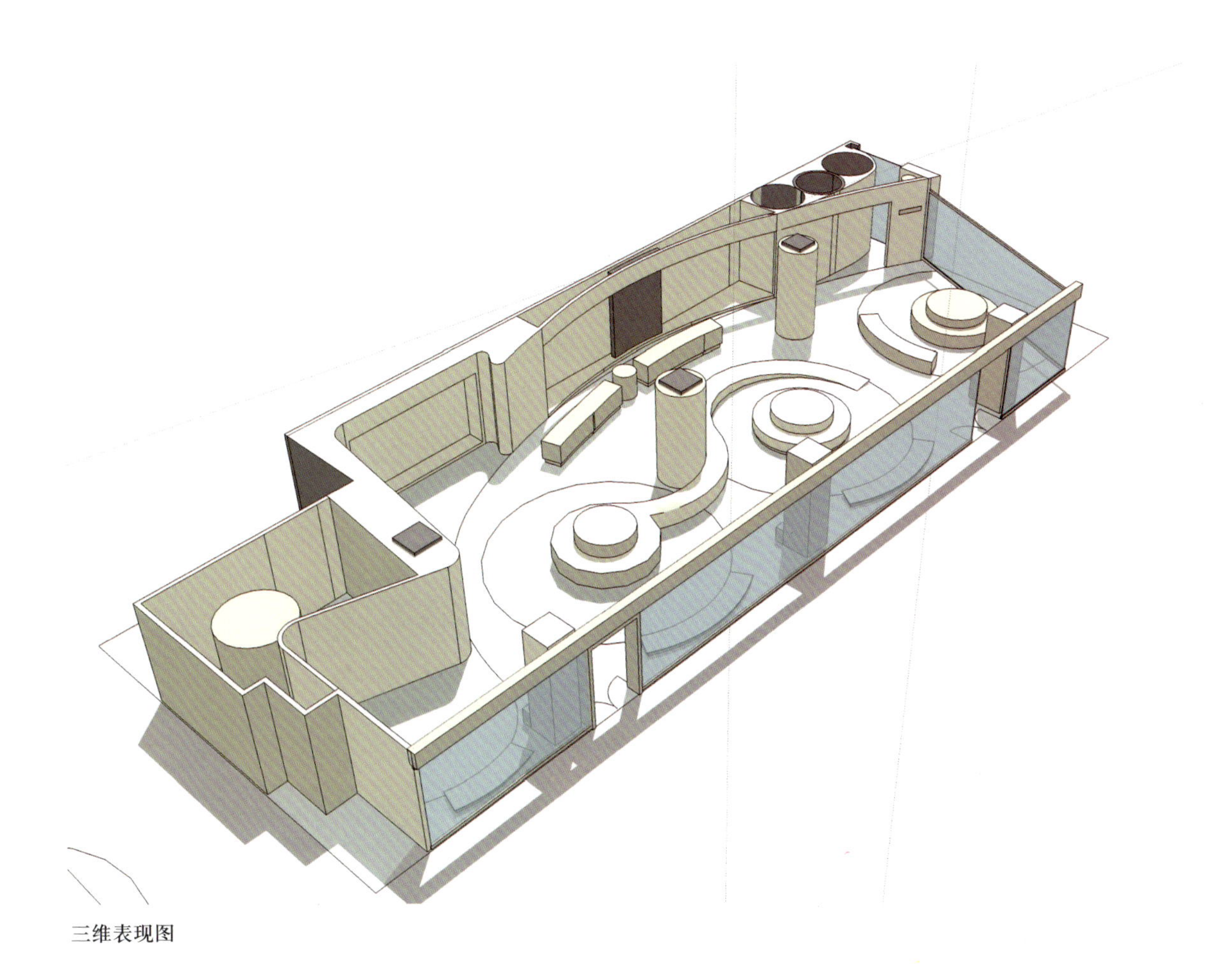

三维表现图

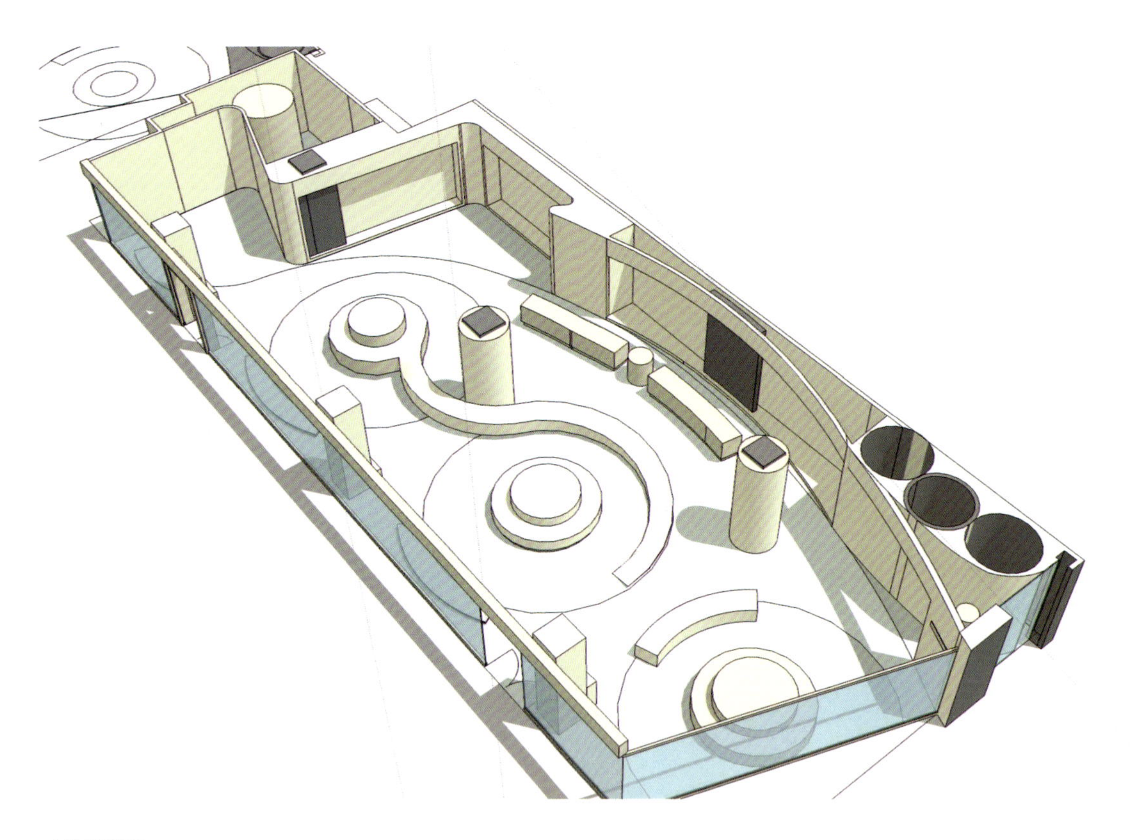

三维表现图

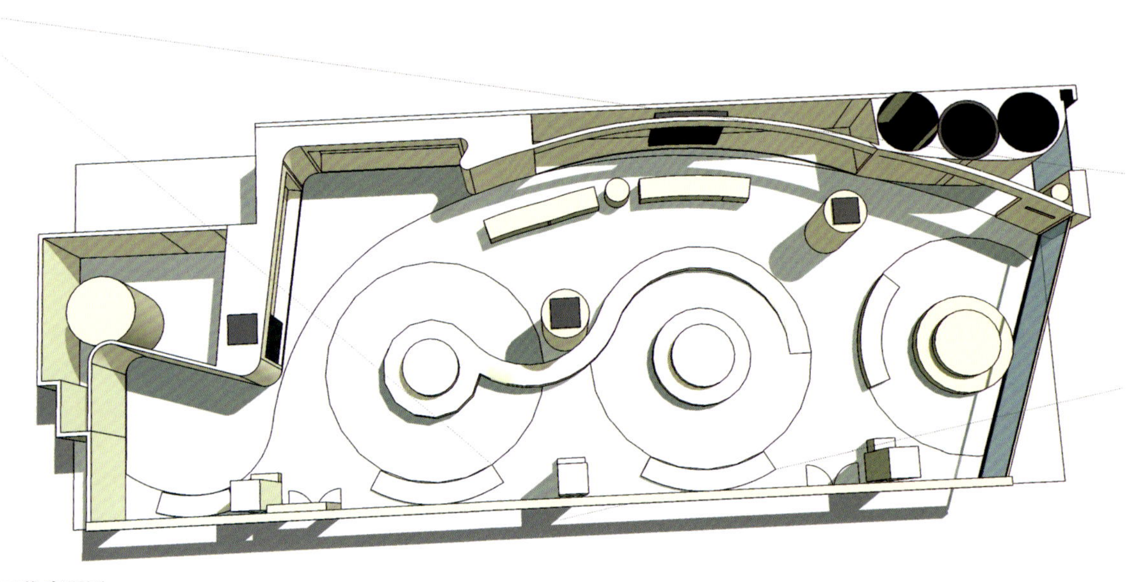

三维表现图

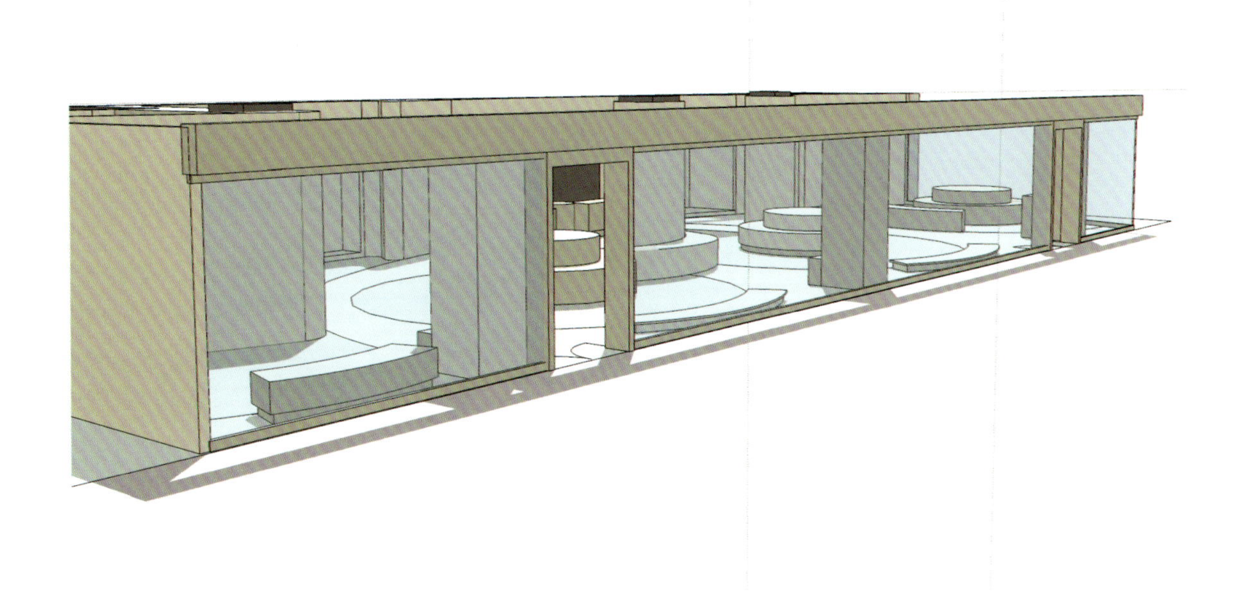

三维表现图

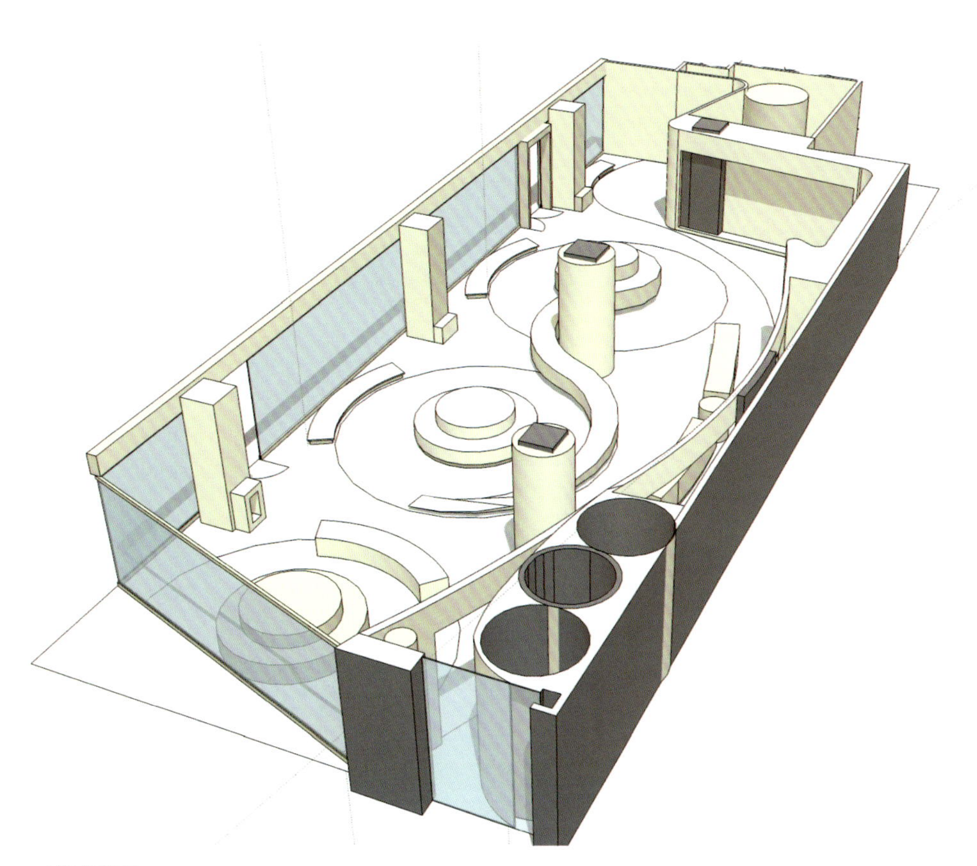

三维表现图

三维表现图

方案 2

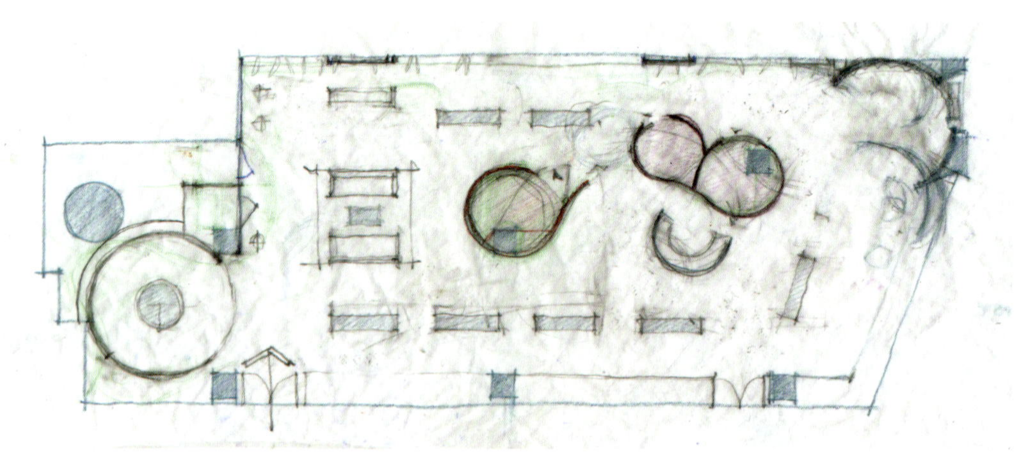

平面草图

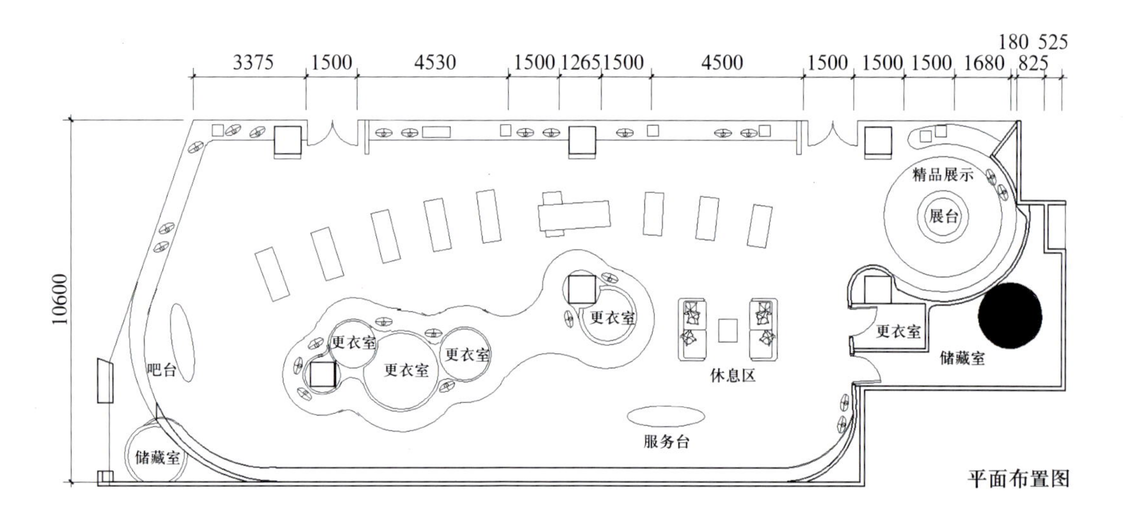

平面布置图

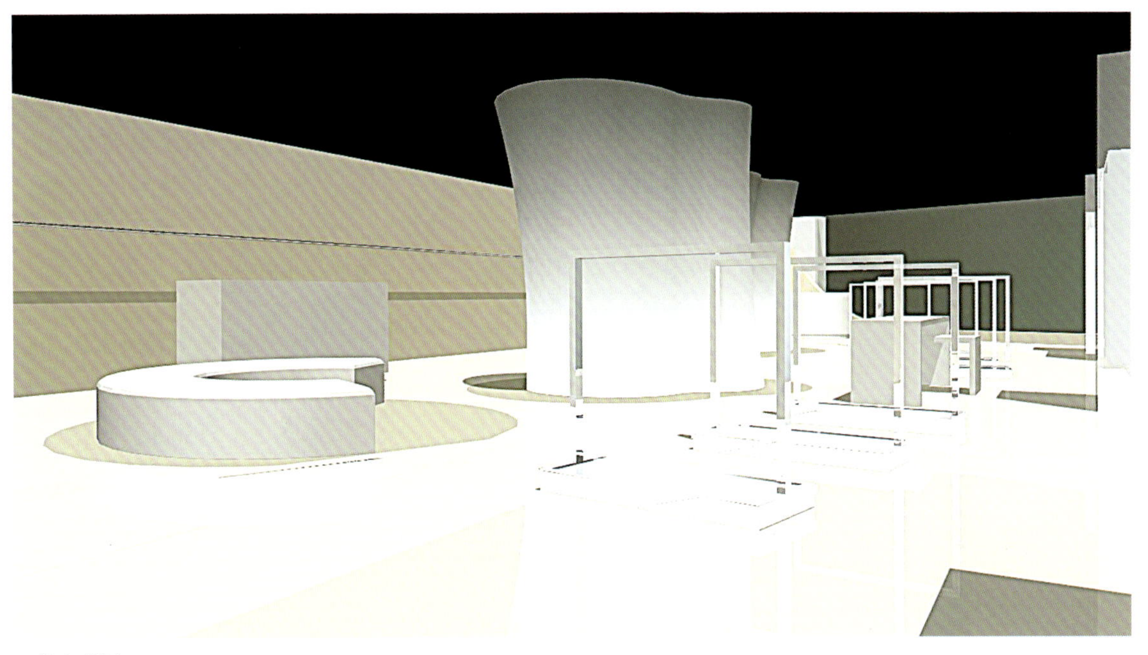

三维表现图

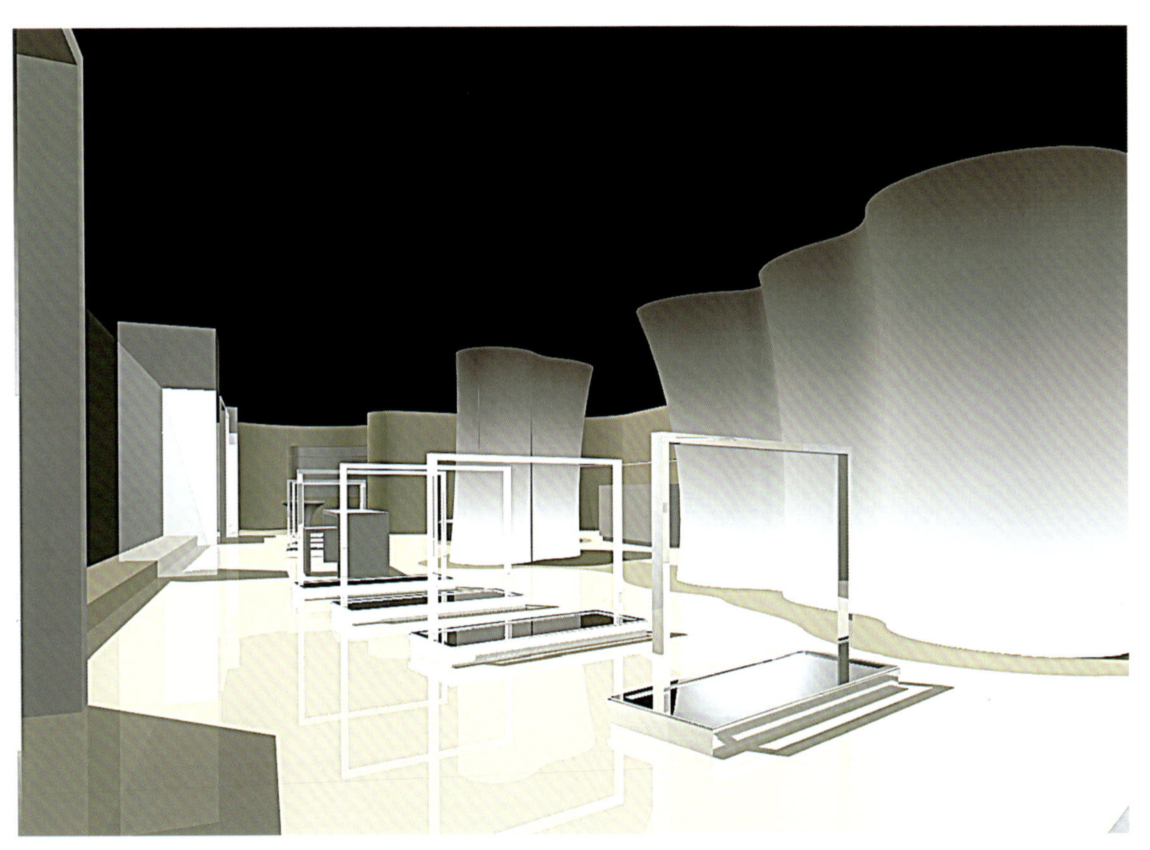

三维表现图

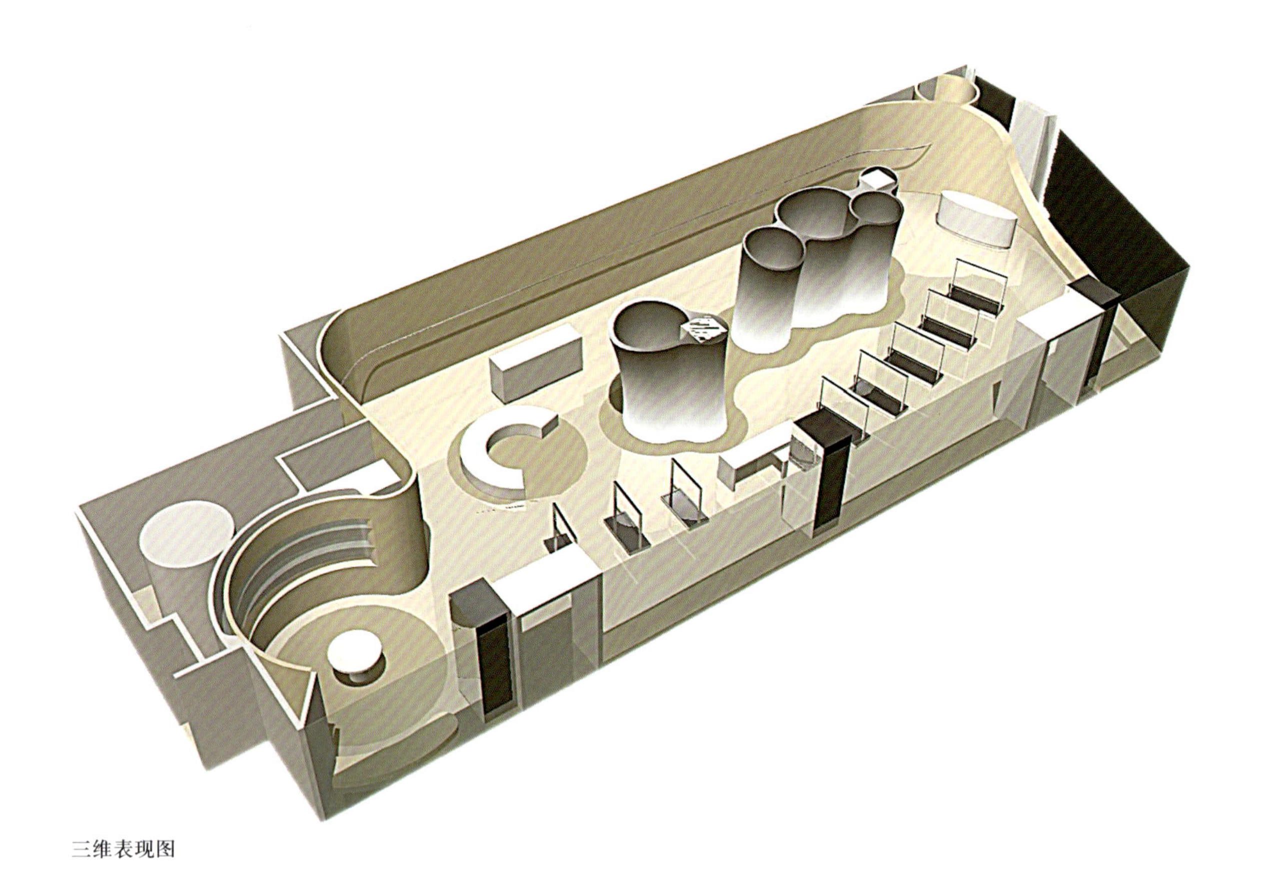

三维表现图

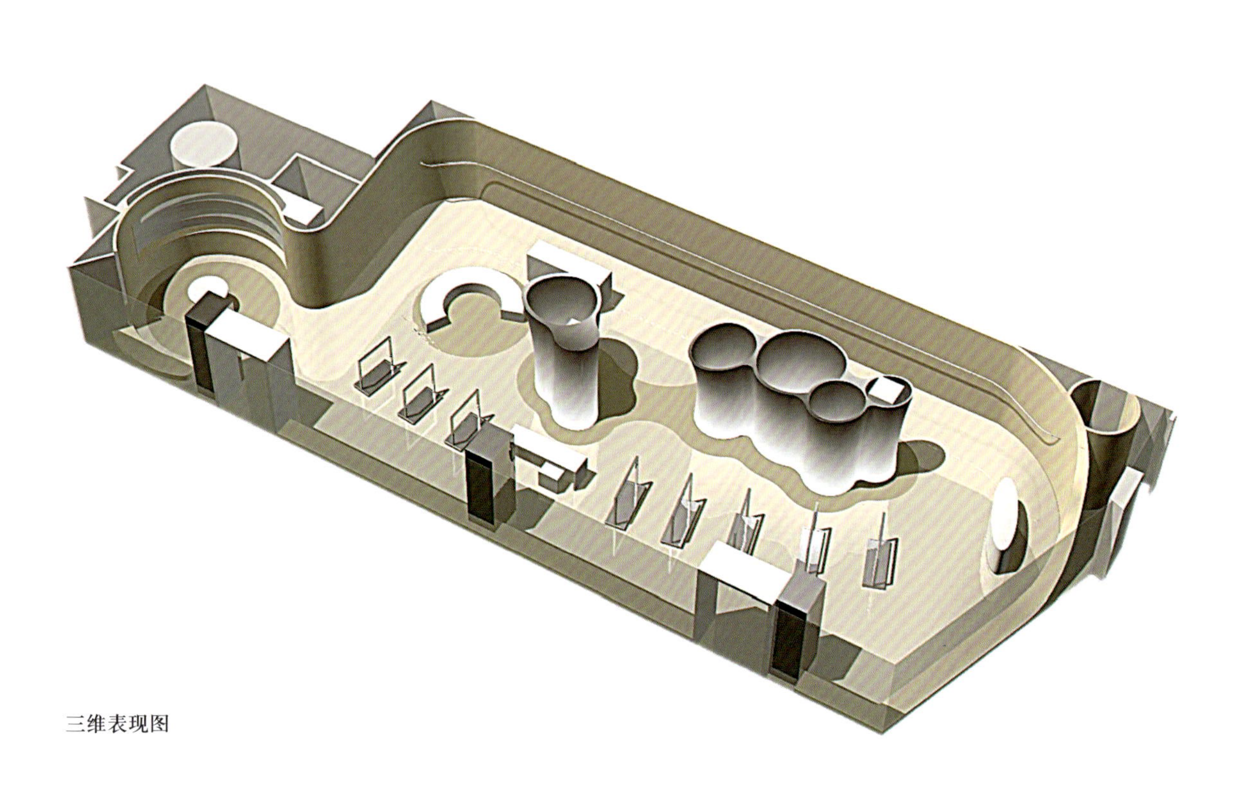

三维表现图

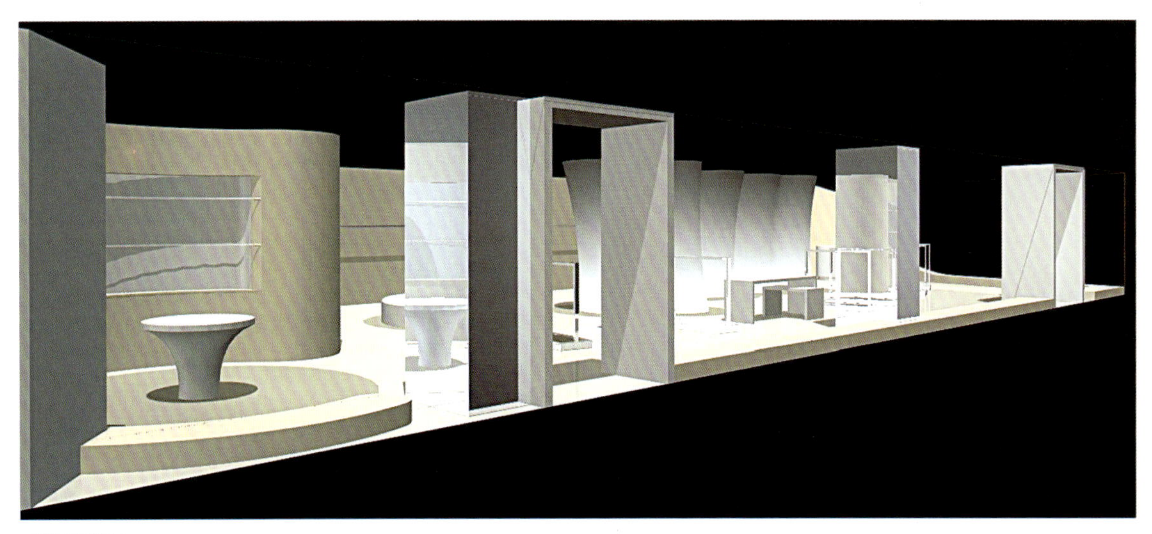

三维表现图

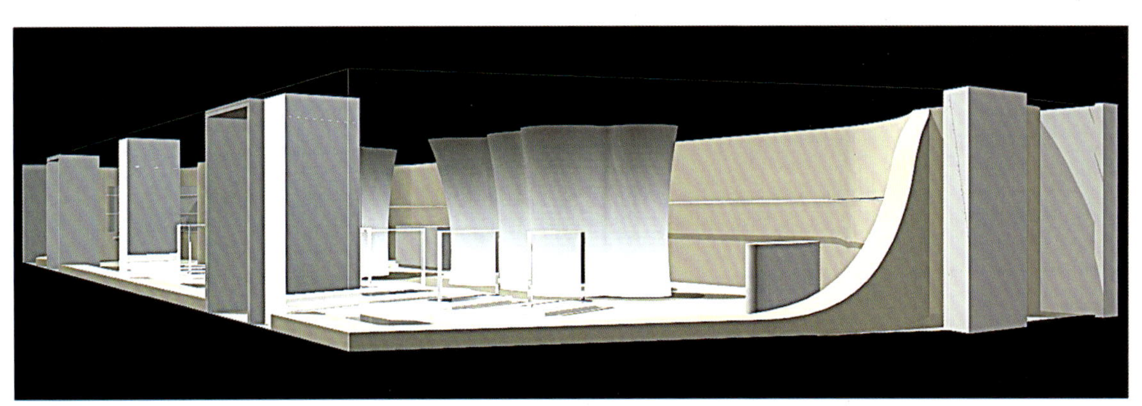

三维表现图

方案 3

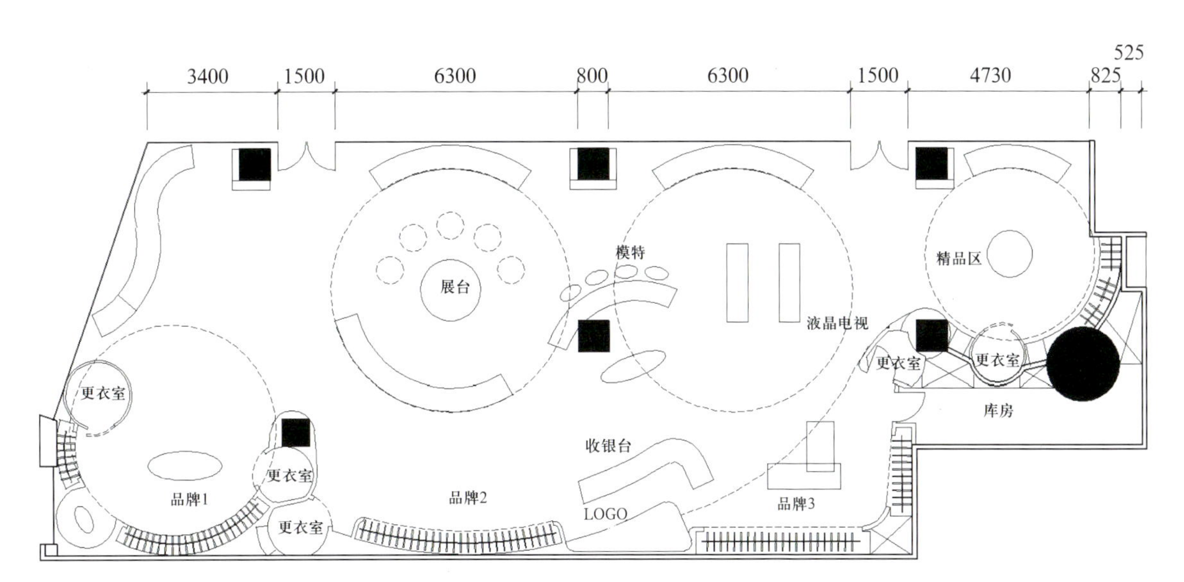

平面布置图

平面草图

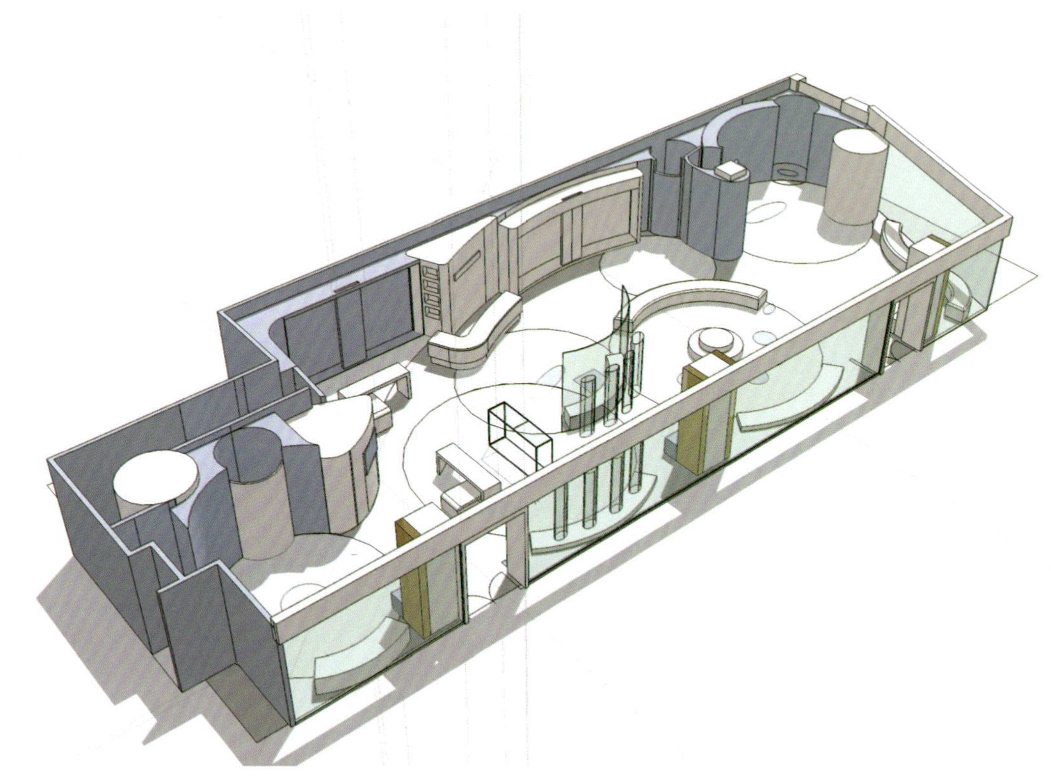

三维表现图

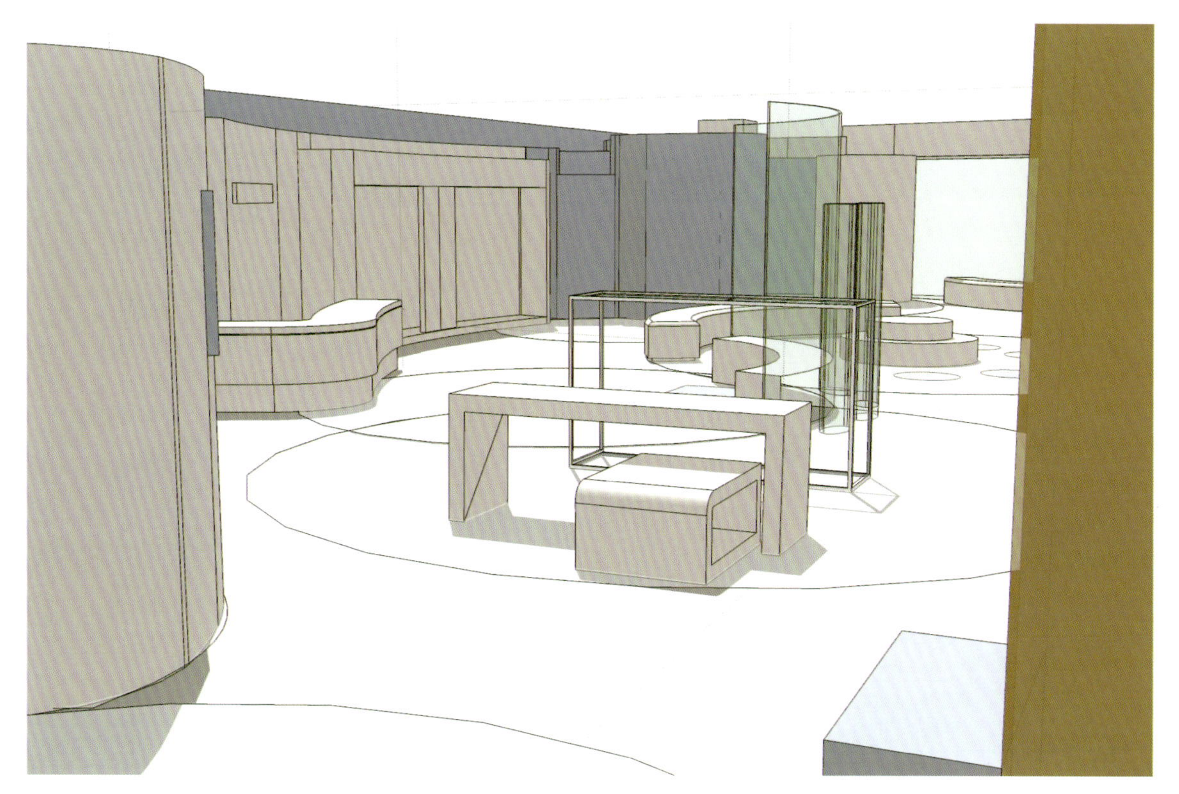

三维表现图

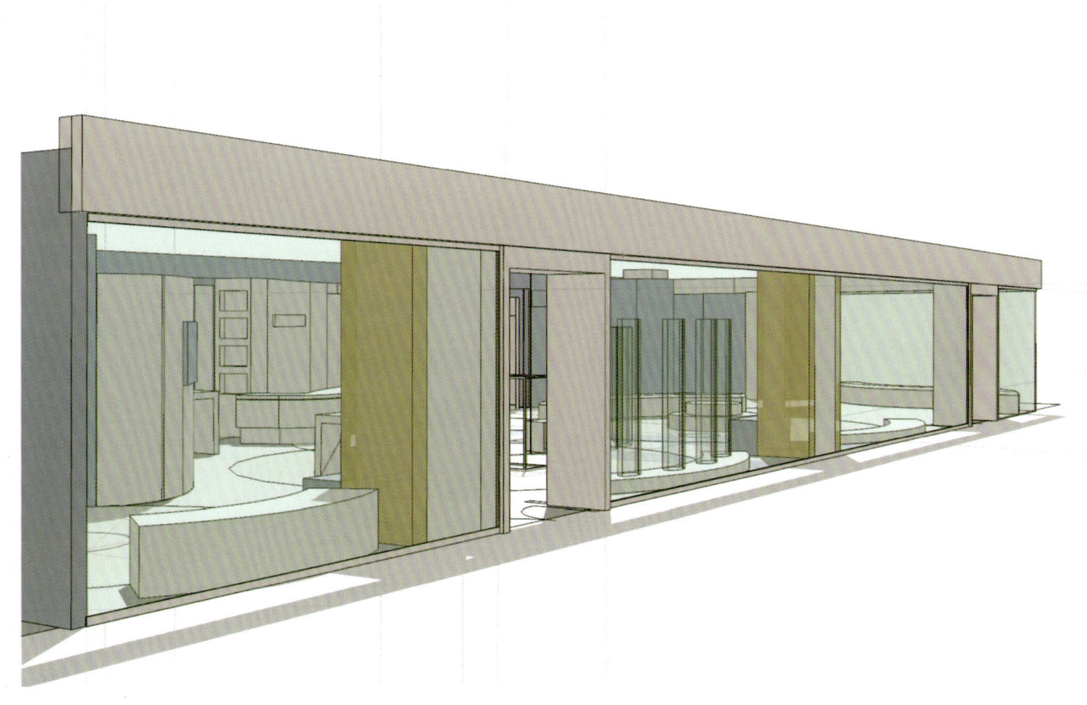

三维表现图

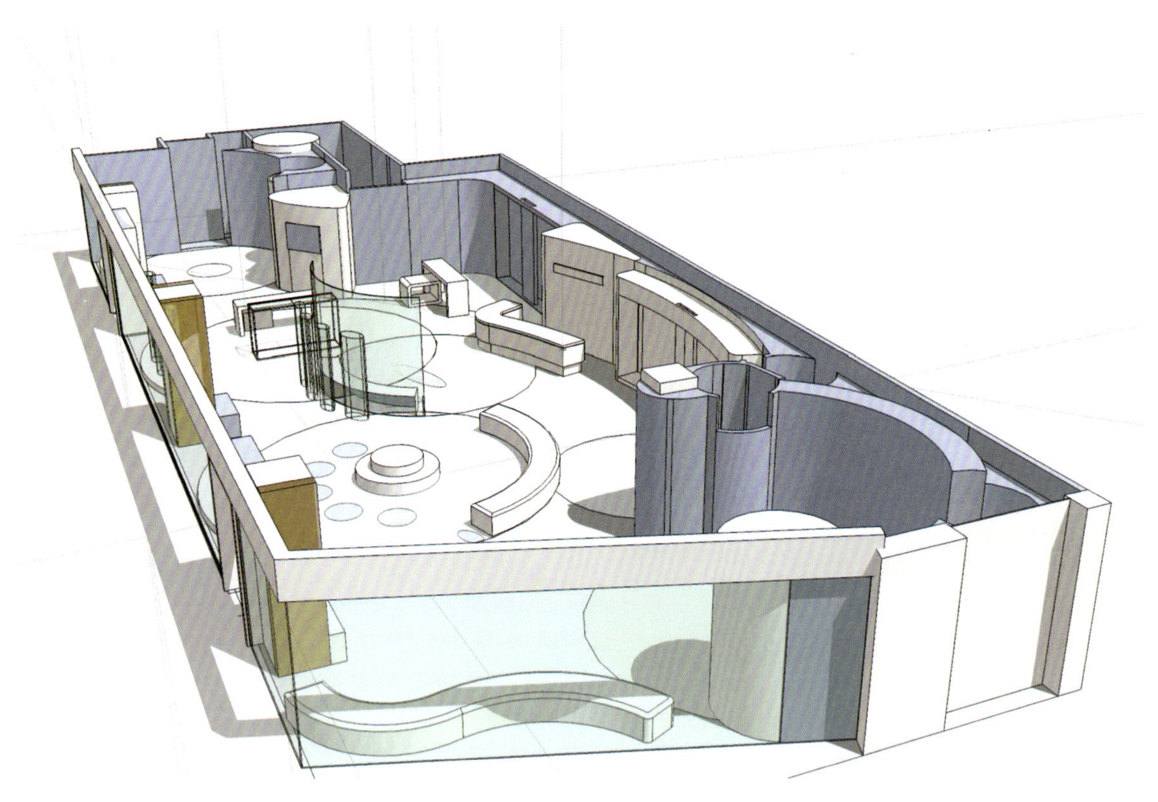

三维表现图

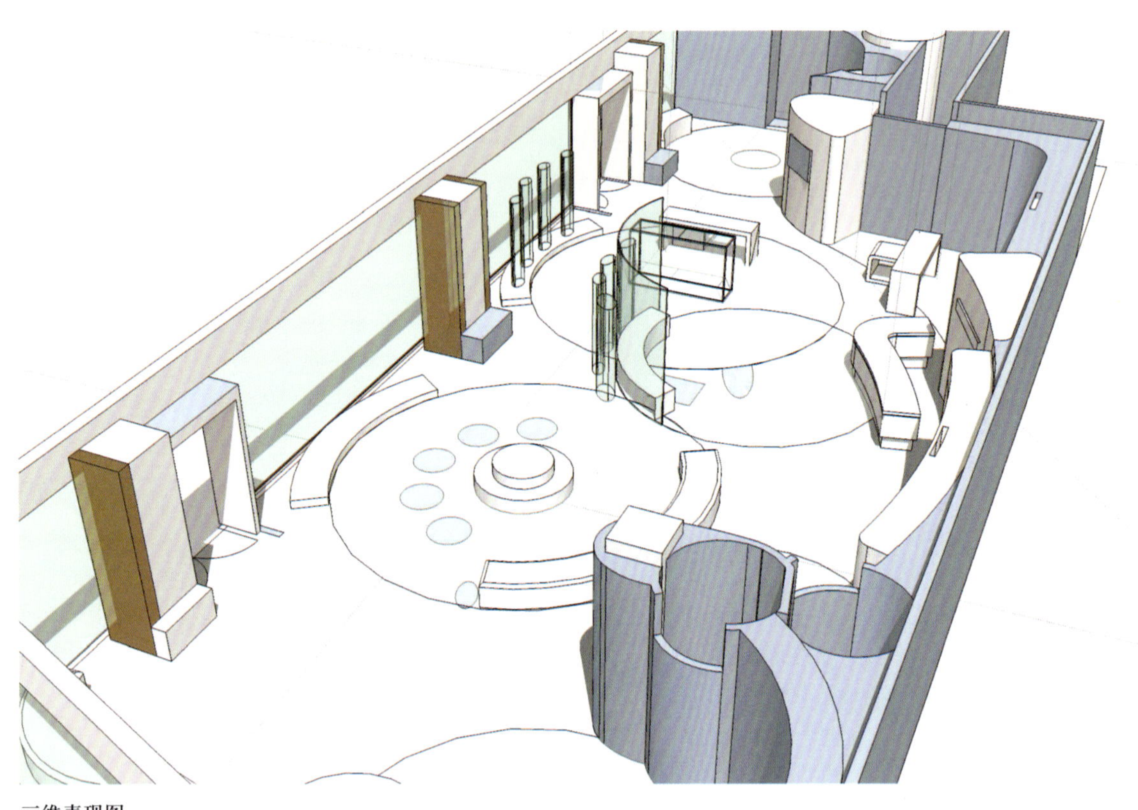

三维表现图

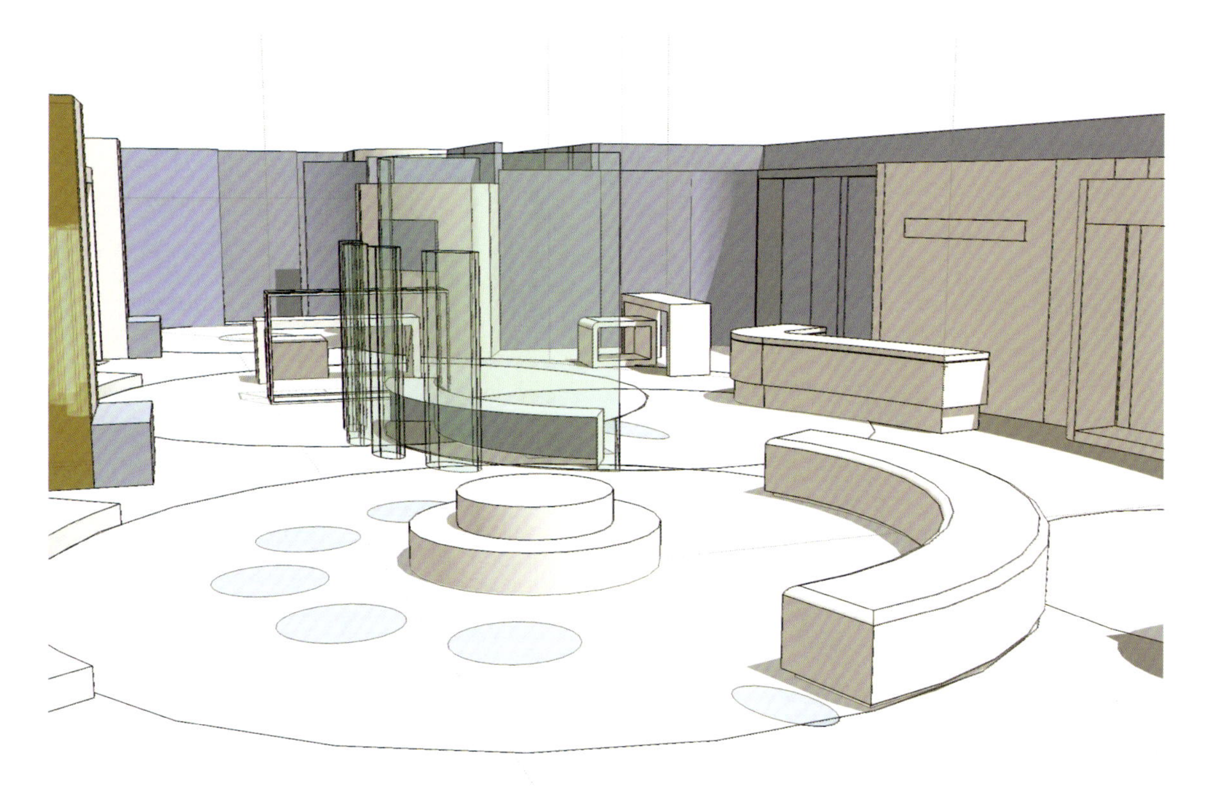

三维表现图

三维表现图

4.5 样板间装修设计

4.5.1 样板间装修设计一

(1) 项目名称：某楼盘样板间装修设计

(2) 设计方案说明：楼层高度2700mm，功能合理实用。设计风格简约，现代，有文化气息

(3) 设计要求：依据原有平面调整完善平面功能，4小时完成

(4) 设计成果要求

①1 ：100平面图

②效果草图　客厅

③设计说明

装修基本要求　　表4–14

序号	内部功能	面积m^2	人员人数	设施要求	装修要求
1	客厅				
2	餐厅				
3	主卧室				
4	卧室				
5	用人房				
6	厨房				

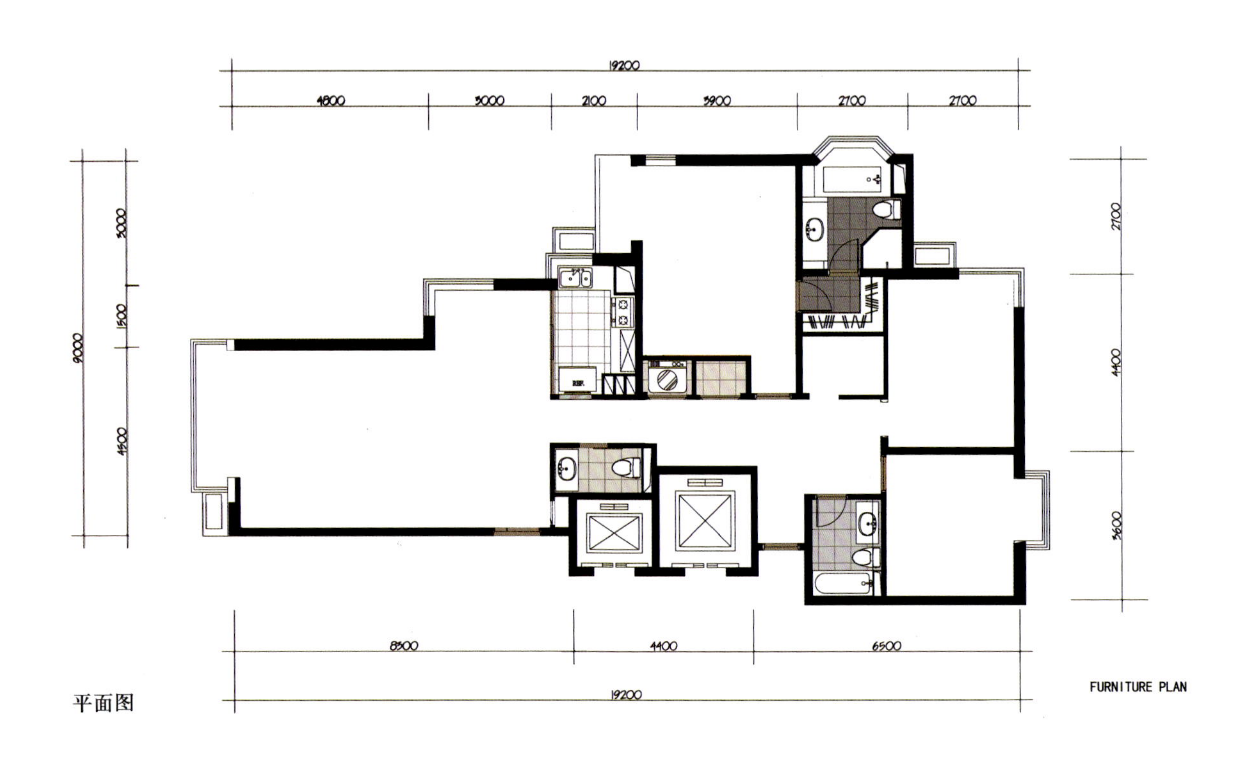

平面图

客厅效果图

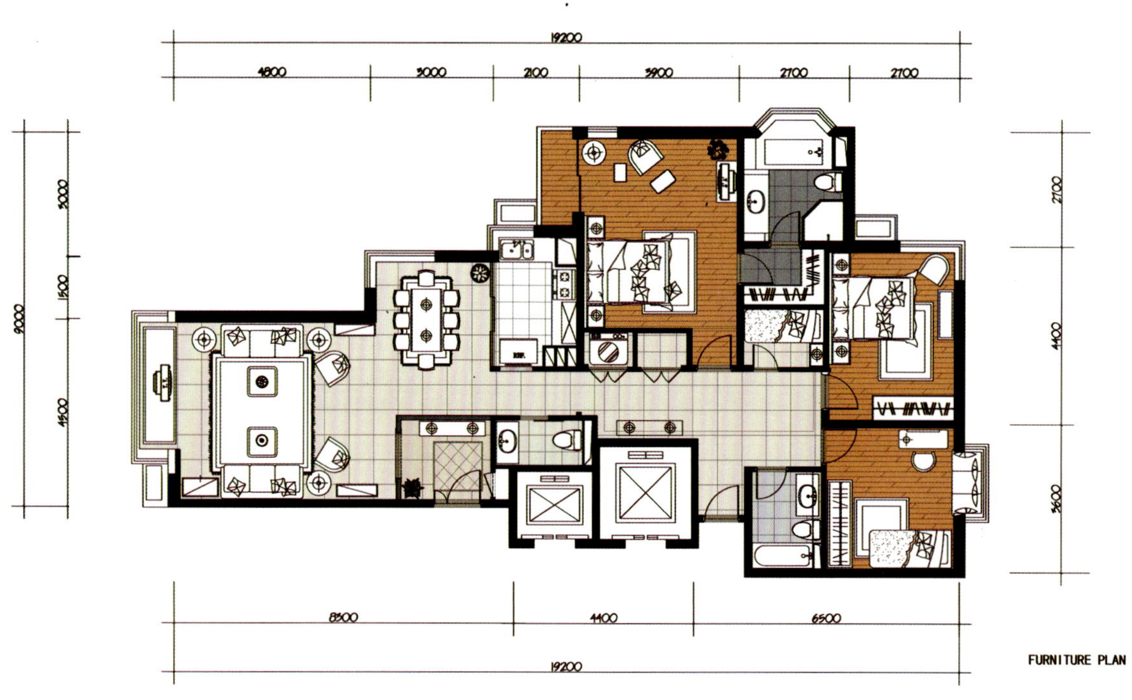

家具布置平面图

4.5.2 样板间室内装修设计

（1）项目名称：样板间室内装修设计

（2）设计方案说明：建筑面积 300m²，两层，楼层高度 3300mm，功能合理实用，设计风格自定

（3）设计要求：避免相互干扰，稳重，自然，8 小时完成

（4）设计成果要求

①1 ：100 平面图

②效果草图：客厅、主卧室，其余空间如需表现可自选

③设计说明

装修基本要求 **表4–15**

楼层	序号	内部功能	面积m²	人员人数	设施要求
首层	1	接待厅			
	2	更衣室			
	3	客厅			
	4	书房			
	5	厨房			
	6	餐厅			
	7	卫生间			
二层	1	主卧室			
	2	更衣室			
	3	卫生间			
	4	储藏间			
	5	前厅			

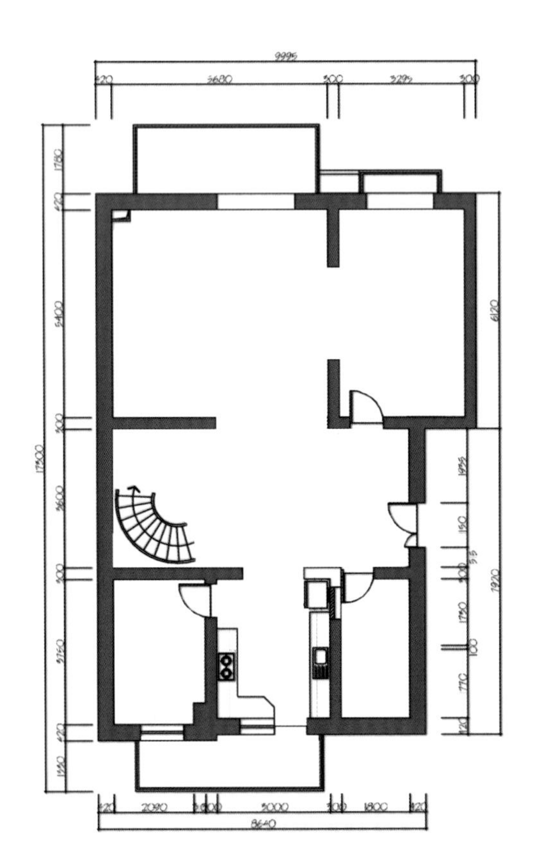

一层平面图

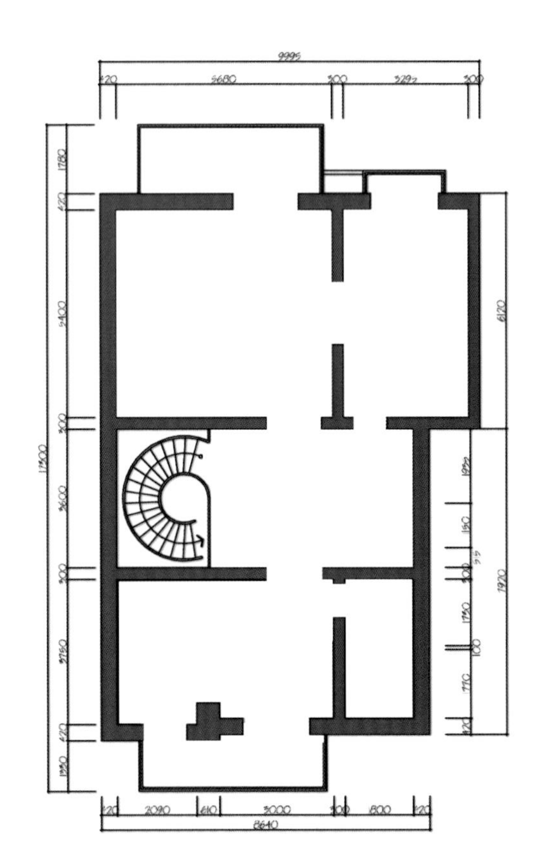

二层平面图

4.6 售楼处室内装修设计

4.6.1 售楼处室内装修设计一

（1）项目名称：某小型售楼处室内设计

（2）设计方案说明：建筑面积 300m²，楼层高度 4500mm，功能合理实用，设计风格简洁明快

（3）设计要求：8 小时完成

（4）设计成果要求

①1 ：100 平面图

②效果图

③设计说明

装修基本要求　　表4—16

序号	内部功能	面积m²	人员人数	设施要求	装修要求
1	接待区				
2	洽谈区				
3	展示区				
4	签约室	15			
5	办公室	15			
6	财务室	10			
7	经理办公室	15			
8	咖啡休息区	40			

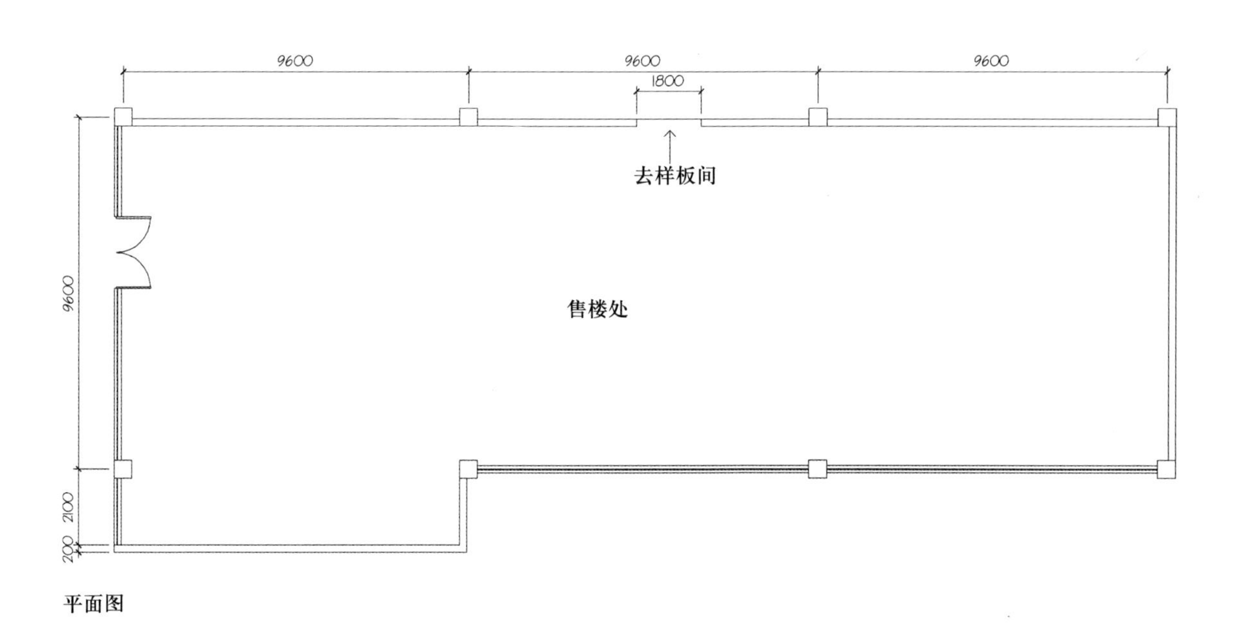

平面图

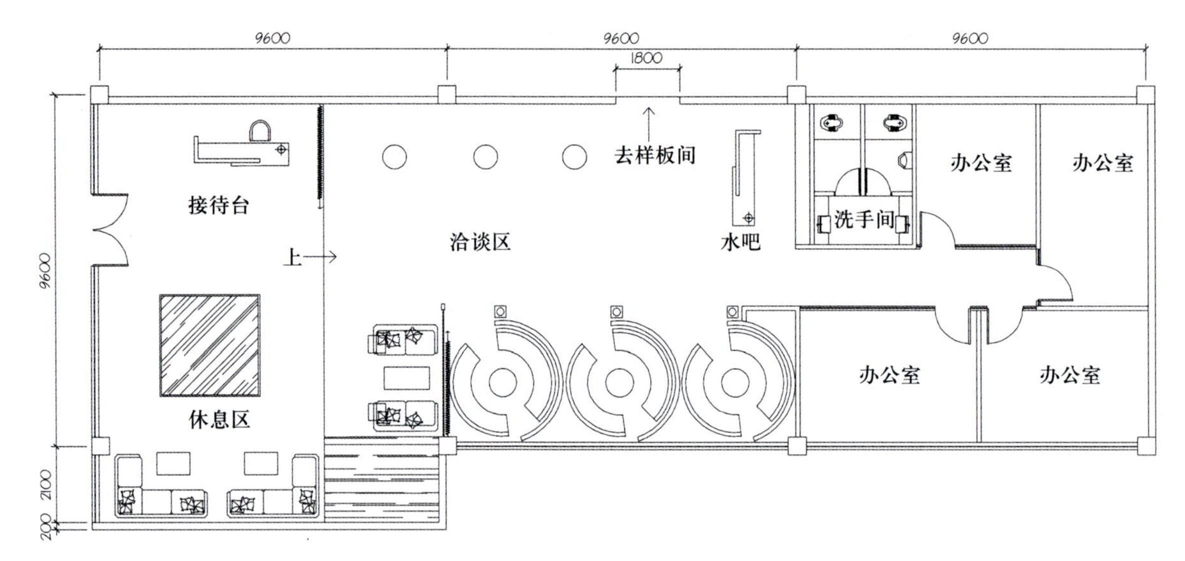

家具布置平面图

接待区表现图

休息区表现图

洽谈区表现图

4.6.2 售楼处室内装修设计二

（1）项目名称：某小型售楼处室内设计

（2）设计方案说明：建筑面积 1200m^2，楼层高度 4500mm，功能合理实用，设计风格简洁明快

（3）设计要求：8 小时完成

（4）设计成果要求

①1 ∶ 100 平面图

②效果草图

③设计说明

在一个大空间里进行设计有时会手足无措，不知从哪里下笔。首先进行分区处理，再一步步细化，这样做出的设计就要有说服力。

装修基本要求 **表4–17**

序号	内部功能	面积m^2	人员人数	设施要求	装修要求
1	接待区				
2	洽谈区				
3	展示区				
4	签约室				
5	办公室				
6	财务室				
7	经理办公室				
8	咖啡休息区				

方案1

平面图

手绘草图一

手绘草图二

手绘草图三

方案 2

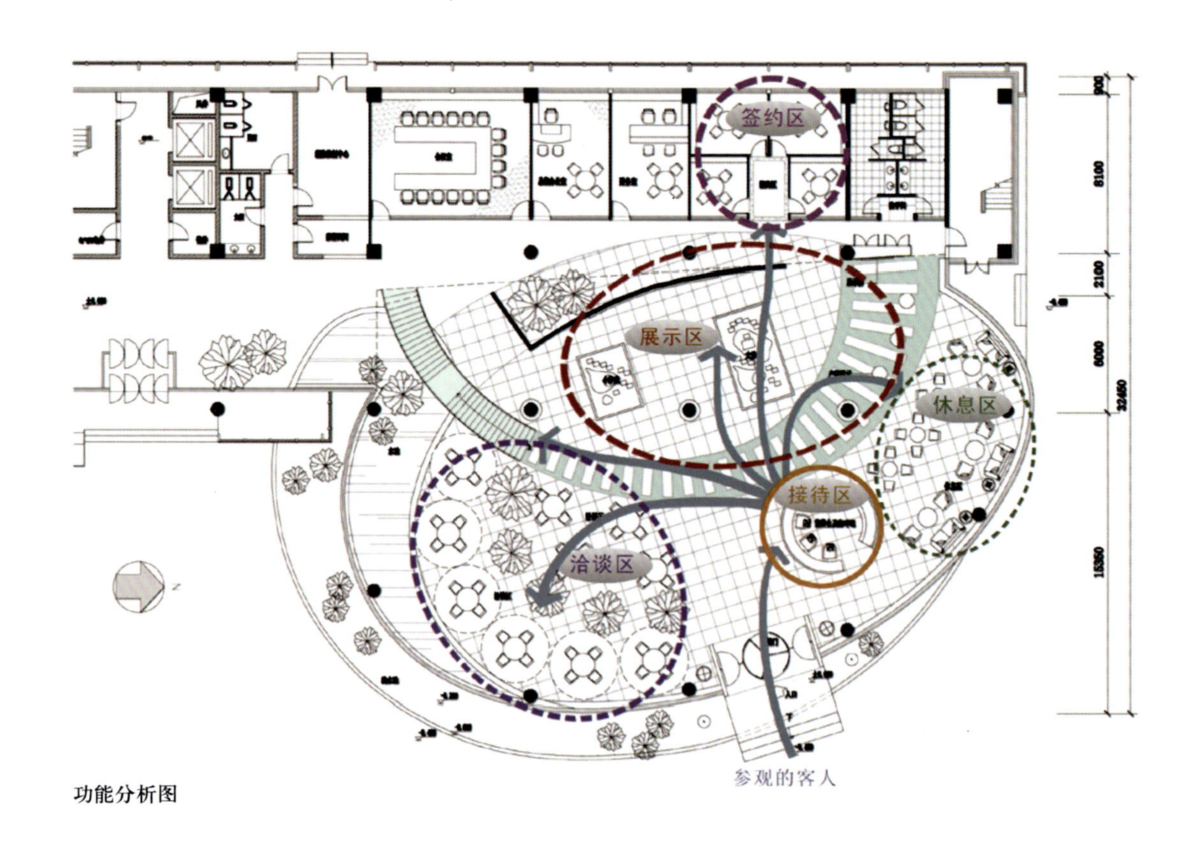

功能分析图

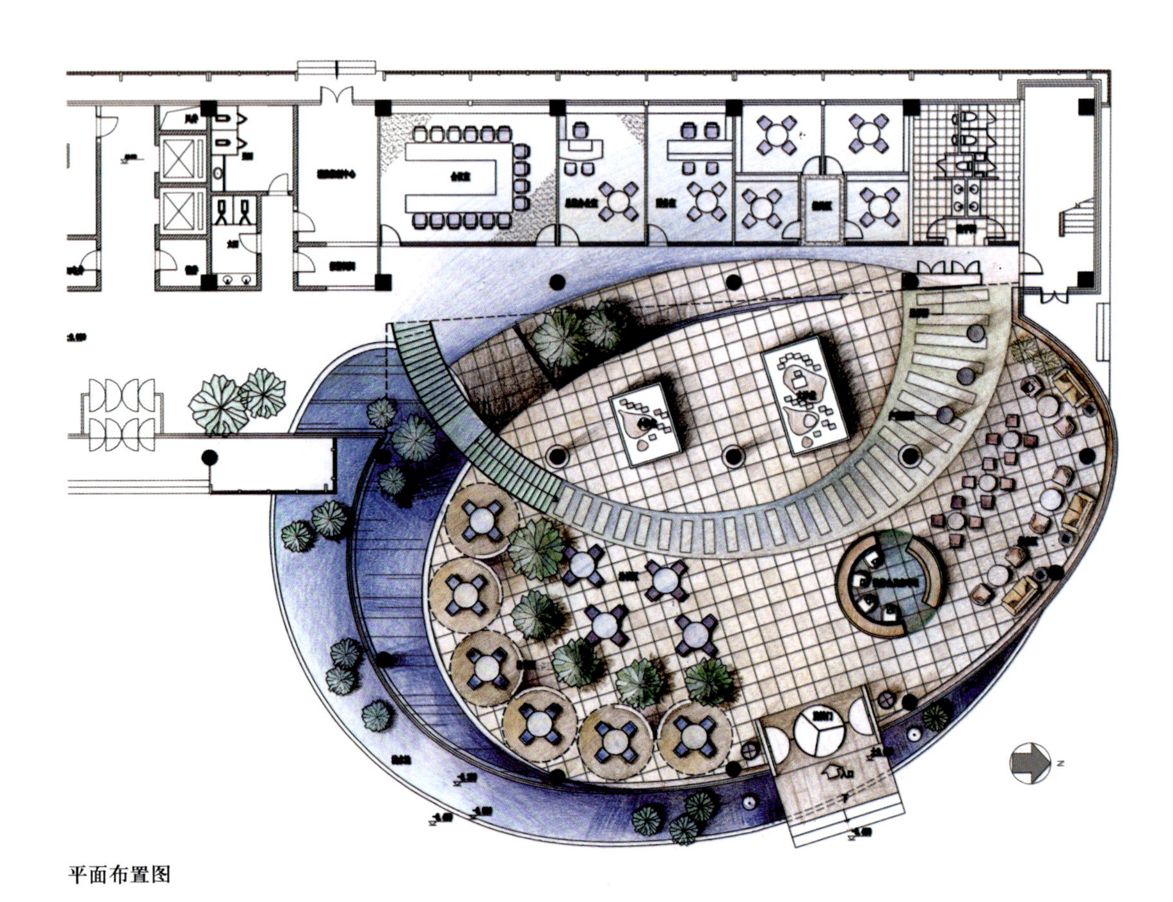

平面布置图

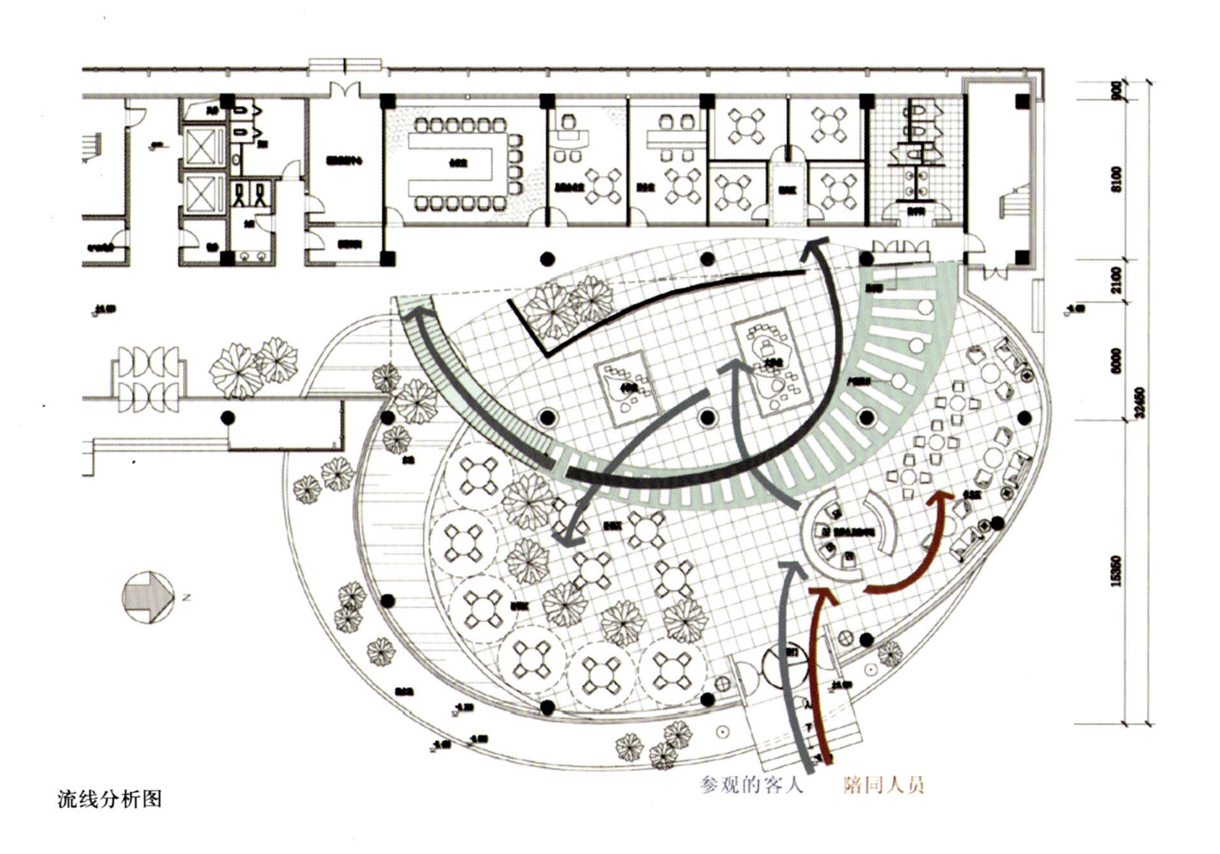

流线分析图

手绘草图

4.7 大堂室内装修设计

4.7.1 大堂室内装修设计一

（1）项目名称：某办公楼大堂室内设计

（2）设计方案说明：楼层高度 3600mm

（3）设计要求：体现科技感，2 小时完成

（4）设计成果要求

①1 ：100 平面图

②效果图，室内任意角度

③设计说明

装修基本要求　　表4–18

序号	内部功能	面积m^2	人员人数	设施要求	装修要求
1	接待台				
2	休息区				
3	展示区				

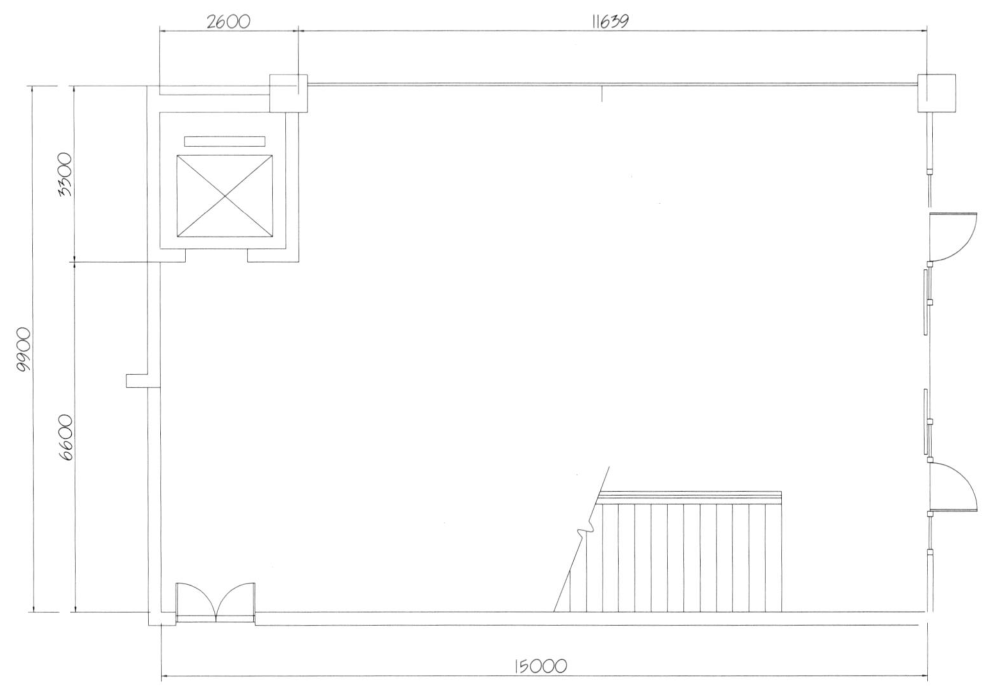

平面配置图

4.7.2 大堂室内装修设计二

(1) 项目名称：某办公楼大堂室内设计

(2) 设计方案说明：楼层高度 3600mm

(3) 设计要求：体现科技感，2 小时完成

(4) 设计成果要求

① 1 ：100 平面图

②效果图：大堂室内任意角度

③设计说明

装修基本要求 **表4–19**

序号	内部功能	面积m²	人员人数	设施要求	装修要求
1	接待台				
2	休息区				
3	出租商铺				
4	电梯厅				

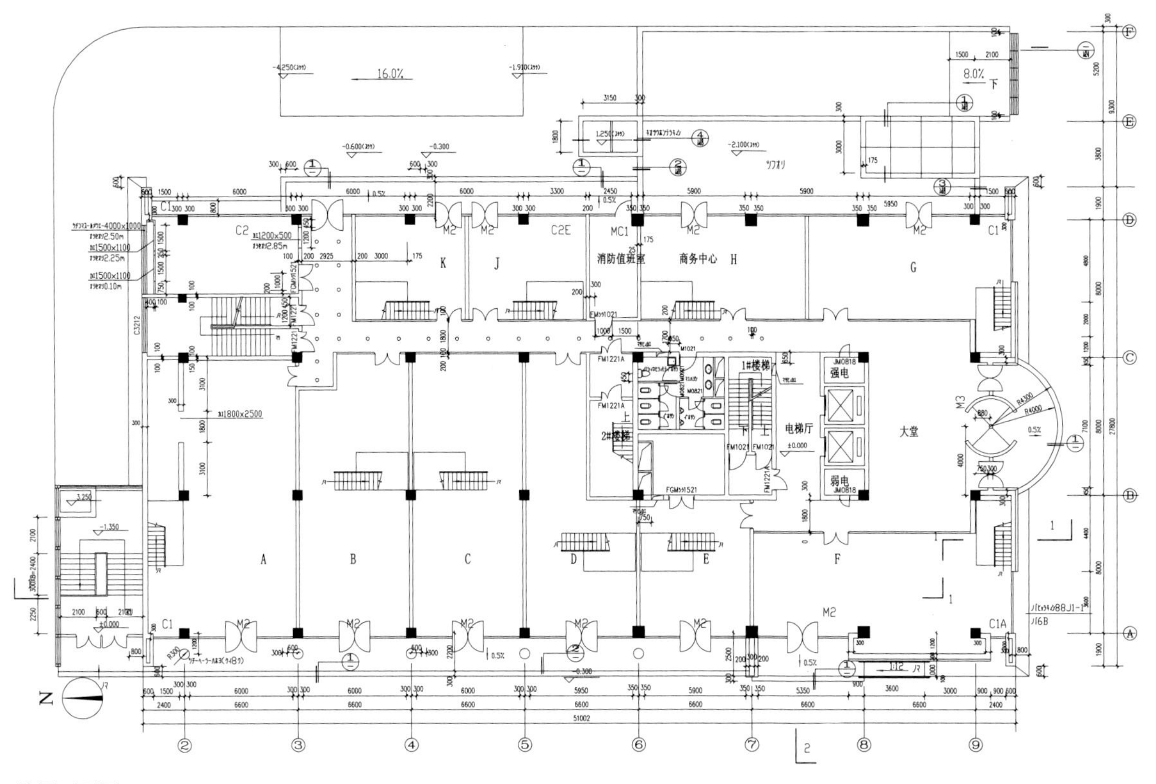

首层平面图

4.8 总统套房装修设计

（1）项目名称：某总统套房室内设计

（2）设计方案说明：此项目位于某大厦顶层，楼层高度 3600mm

（3）设计要求：轻松，舒适，功能合理齐全，注重动线的设计，8 小时完成

（4）设计成果要求

① 1 ：100 平面图

②效果草图：客厅任意角度，卧室，其余任选

③设计说明

装修基本要求 **表4–20**

序号	内部功能	面积m^2	人员人数	设施要求	装修要求
1	接待台				
2	客厅				
3	餐厅				
4	更衣室				
5	客用卫生间				
6	厨房				
7	酒吧				
8	客卧室				
9	书房				
10	主卧室				
11	夫人房				
12	洗衣房				

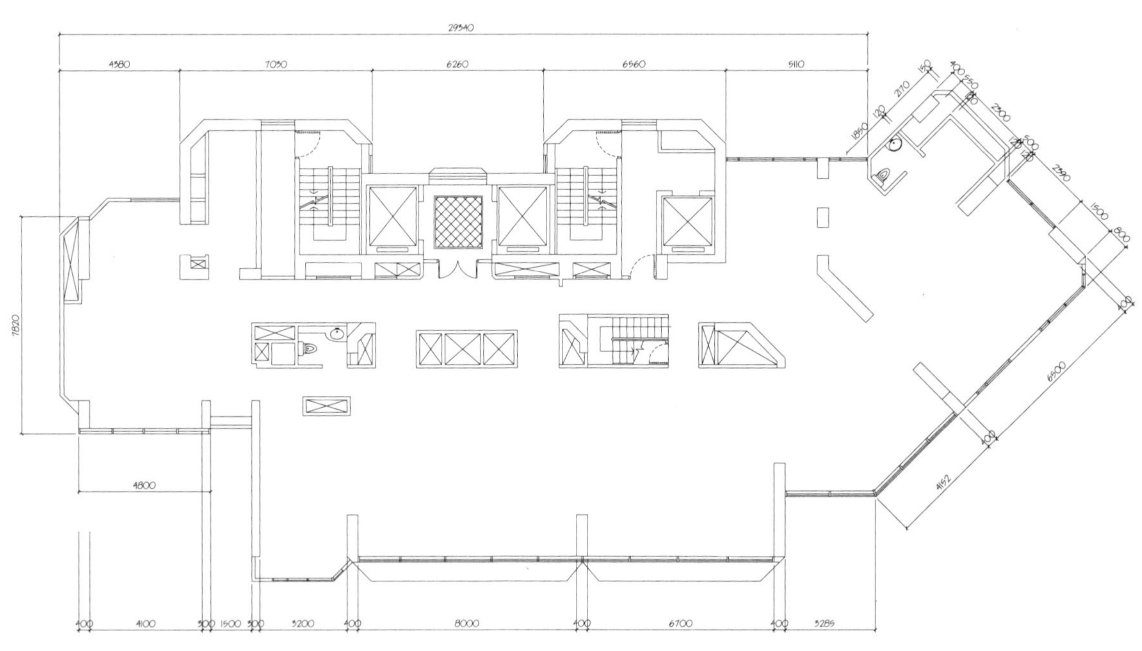

平面图布置图

参考文献

[1] 约翰 · 派尔．世界室内设计史．北京：中国建筑工业出版社．2003．

[2] 李强．手绘设计表现．天津：天津大学出版社．2004．

[3] 杨健．家居空间设计与快速表现．沈阳：辽宁科学技术出版社．2002．

[4] 贝思出版有限公司．卖点．南昌：江西科学技术出版社．2004．

[5] 李泽厚，刘纲纪．中国美学史．北京：中国社会科学出版社

[6] 余卓群．建筑视觉造型．重庆：重庆大学出版社

[7] 李泽厚．美的历程．天津：天津社会科学院出版社．2001．

[8]（美）鲁道夫 · 阿恩海姆．艺术与视知觉．四川人民出版社．1998．

[9]（美）弗朗西斯 ·D·K．建筑：形式、空间、秩序．北京：中国建筑工业出版社

[10]（美）卡洛林 ·M· 布鲁墨．视觉原理．北京：北京大学出版社

[11]（英）E·H· 贡布里希．秩序感——装饰艺术的心理学研究．湖南科学技术出版社．1999．

[12]（荷兰）赫曼 · 赫兹伯格．设计原理．天津：天津大学出版社．2003．

[13]（荷兰）赫曼 · 赫兹伯格．空间与建筑师．天津：天津大学出版社．2003．

[14]（英）奥托 · 李瓦尔特．新酒店设计．沈阳：辽宁科学技术出版社

[15] 王澎．设计的开始．北京：中国建筑工业出版社

[16] 张楠．当代建筑创作手法解析

[17] 罗哲文，杨永生．失去的建筑．北京：中国建筑工业出版社

致 谢

感谢陈立坚、陈建明、梁喆、黄覃尧、宣敬松、王文成、冯始华、汪稼民、张浩就、周禹、郑志勇、郑成标、马壮等设计师的帮助，他们为本书提供了丰富的设计手稿与作品，正因为有像他们这样众多的在设计事业中孜孜不倦的努力追求自己理想的设计师，室内设计才会有不断的创新与发展。他们设计并绘制了精美的草图为本书增添了亮丽的色彩。特别要感谢唐旭女士对编写这份手稿提供的建议和大力支持，才使该书最终得以完成。